천문대에
피아노가
떨어졌다

천문대에 피아노가 떨어졌다
시공간을 공명한 천문학자X음악가의 우주적 평행이론

초판 1쇄 발행 2026년 1월 30일

지은이 **지웅배·김록운·천윤수**
펴낸이 **임경훈** | 편집 **강경희**
펴낸곳 **롤러코스터** | 출판등록 제2019-000296호
주소 경기도 고양시 덕양구 청초로 19 아이에스비즈타워 2차 B동 704호
전화 070-7768-6066 | 팩스 02-6499-6067 | 이메일 book@rcoaster.com
제작 357제작소

ISBN 979-11-91311-75-4 03440

이 도서는 2025년 문화체육관광부의
'중소출판사 성장부문 제작지원' 사업의 지원을 받아 제작되었습니다.

롤러코스터
Rollercoaster
Press

천문대에 피아노가 떨어졌다

시공간을 공명한 천문학자 × 음악가의 우주적 평행이론

지웅배
김록운
천윤수
지 음

추천의 글

어쩌면 별과 음악은 우주가 전하는 가장 오래된 언어이자 사랑의 표현일지도 모른다. 물리법칙과 주파수를 이해하든 이해하지 못하든, 정교하고도 예술적인 우주의 편지를 받을 때 느끼는 황홀함이 그 가능성을 증명한다. 이 책은 그 편지에 다가가기 위한 서문을 차분하고도 친절한 언어로 건네준다. **윤하 _ 뮤지션**

우주는 정말 낭만적입니다. 감성으로 우주를 사랑해온 저에게 '우주먼지' 지웅배님은 이성과 삶으로 우주를 사랑해온 천문학자였습니다. 제가 뮤지컬에서 연기했던 요하네스 케플러가 치열한 '화성과의 전투' 속에서도 별을 놓지 않았듯, 이 책 역시 치열한 사유 끝에서 우주와 음악을 연결짓는 낭만을 발견해냅니다. **정휘 _ 뮤지컬 배우**

대체 누가 음악과 천문학, 이 두 세계를 하나의 색깔로 버무리겠다는 과감하고도 발칙한 상상을 할 수 있을까. 이 책을 읽는 순간, 그 경계가 희미해지며 두 영역 사이의 아름다운 대칭성이 드러난다. 저자는 천문학자와 음악가, 서로 다른 두 인물의 삶을 절묘하게 엮어 세상을 바라보는 독특한 통찰을 보여준다. 같은 재료라도 최고의 셰프가 내놓는 한 접시는 사람을 감동시킨다. 그래서 이 책은, 맛있다. **과학쿠키_과학커뮤니케이터**

이 책을 읽으면서 한 사람의 마음을 들여다보는 기분이 들었습니다. '케플러'라는 그룹명으로 활동하면서, 평소 궁금했던 천문학자 케플러의 삶을 이해할 수 있는 소중한 시간이었습니다. 그가 따뜻하게 우주를 바라봤던 것도, 음악을 깊게 사랑했다는 것도 알게 되면서, 우주를 사랑하는 이들과 음악을 사랑하는 이들이 많이 닮아 있다는 걸 알게 되었습니다. 이 책을 읽는 독자분들도 잠시 숨을 고르고, 마음이 따뜻해지는 시간을 보내시기 바랍니다!
최유진_Kep1er

프롤로그

음악이 수학과 이별하기 전을 추억하며

_지웅배

"물리학자가 아니었다면 나는 음악가가 됐을 겁니다. 음악 안에서 자주 생각하고, 몽상하고, 음악의 관점에서 내 삶을 바라보지요. (…) 내가 음악 분야에서 어떤 중요한 창의적인 작업을 했을는지 알 수 없지만, 바이올린을 연주하면서 내 인생의 기쁨을 대부분 누렸다는 것만은 분명합니다."

_알베르트 아인슈타인

혈액형 성격론 열풍에 뒤이어 이제는 MBTI 시대가 됐다. 소개팅 자리에서나 신입생 환영회에서 사람들은 가장 먼저 서로의 MBTI 유형을 이야기한다. 고작 열여섯 가지 유형으로 사람 성향을 구분하는 투박한 분류법이지만, 알파벳 단 네 글자로 처음 보는 사람의 성향과 삶을 파악할 수 있다는 점에서 단숨에 사람들을 매료시켰다. 물론 과학적 근거는 없다. 사실 이런 독특한 풍습은 호모 사피엔스가 이어온 오랜 역사의 연장선일 따름이다. 수천 년 전에도 우리는 별반 다르지 않았다. 고대 별자리 점성술과 십이지신 운세의 망령이 그 형태만 바뀌었을 뿐, 여전히 우리와 함께한다.

사람 성향을 파악할 때 특히 대한민국에서 널리 쓰이는 독특한 기준이 하나 더 있다. 문과, 이과, 그리고 예체능으로 분류하는 기준이다. 3년밖에 안 되는 짧은 고등학교 시절 시간표가 어떤 과목으로 채워져 있는지를 가지고 우리는 사람 성향을 구분하기도 한다. 문과는 감성적이고, 이과는 차갑고, 예체능은 잘 논다. 우리는 살면서 수많은 예외를 마주치건만, 이런 고정관념이 우리 마음 깊숙이 뿌리박혀 있다. 문과·이과·예체능으로 구분되는 이 세 가지 성향 사이에는 절대 넘을 수 없는 벽이 존재하는 듯 느껴진다.

그중에서도 특히 과학과 음악은 아주 거리가 멀어 보인다. 과학은 항상 정해진 답이 있고, 로봇처럼 수학적이며, 객관적으로 세상을 바라본다. 우주에 있는 모든 존재는 단 하나의 물리법칙에 따라 굴러간다. 반면 음악에는 정답이 없다. 하나의 작품도 연주자와 감상자에 따라 주관적 해석이 달라진다. 과학은 감정을 배척하고, 음악은 감정을 강요한다. 그래서 이 둘은 달라도 너무 다른 분야처럼 느껴진다. 마치 탄생할 때부터 거리가 먼 각각의 세계에 속했다는 듯 말이다. 하지만 과학과 음악의 기원을 거슬러 올라가다

보면 놀라운 출생의 비밀을 만나게 된다. 애초 과학과 음악은 하나였다. 오래전 고대 철학자들은 과학과 음악을 한 분야로 취급했다. Liberal Art 하면 오늘날 흔히 뭉뚱그려 인문교양으로 번역하는데 원래는 일곱 가지 분야를 아울렀다. 이것을 고대 그리스에서 문법·수사학·논리학으로 구성된 3학(트리비움trivium), 그리고 대수학·기하학·천문학·음악으로 구성된 4학(콰드리비움Quadrivium)으로 구분했다. 과거에는 음악이 수학, 천문학과 함께했다.

실제로 피타고라스처럼 우리에게 익숙한 많은 고대 수학자들 사이에서 음악은 주요 관심사였다. 오늘날 우리가 사용하는 음계를 비롯한 다양한 음악 원리와 문법이 대부분 고대 수학자들 손에서 만들어졌다. 중세 음악가들은 수학적 조화와 규칙에 집착했다. 마치 오늘날 과학처럼 음악에도 가장 이상적이고 완벽한 정답이 존재한다고 생각했다. 음악사를 돌아보면 음악이 지금처럼 지극히 주관적이고 감성적인(한편 제멋대로인) 별개 분야로 자리를 잡기 시작한 건 길어봐야 최근 100년, 짧게는 수십 년 사이이다. 과학과 음악은 꽤 최근까지 친밀한 형제 사이였다. 남남으로 만나 사랑을 나눈 연인이 알고 보니 배다른 형제였다는 흔한 막장 드라마 속 설정만큼 놀라운 출생의 비밀이다. 겉으로 보면 과학자와 음악가는 원체 다르다. 하지만 그들 머릿속은 신기할 정도로 닮았다. 과학과 음악은 표현 방식과 장르만 다를 뿐, 결국 우리를 둘러싼 세상의 아름다움과 모순을 이야기하고자 하는 목표는 동일하다.

과학에는 물리학, 화학, 생물학, 지질학 등 다양한 분야가 있다. 그중 천문학이 전통적으로 음악과 가장 거리가 가깝다. 음악은 손에 잡히지 않는다. 만질 수 없다. 천문학도 그렇다. 연구하는 대상이 손에 잡히지 않는 유일한 과학 분야다. 손에 잡히는 대상을 연구하고 실험도 할 수 있는 다른 과학 분야와 달리, 천문학은 지구 바깥 다다를 수 없는 먼 거리에 있는 별과 은하를 연구한다. 천문학자가 할 수 있는 일이라고는 그저 지구에 발을 딛고 하염없이 하늘을 바라보는 것뿐이다. 밤하늘을 감상하는 것이 우리가 우주를 느낄 수 있는 유일한 방법이다. 우주는 분명 존재하지만, 그 존재감을 느낄 수 없다. 밤하늘의 별빛은 존재하지만, 또한 존재하지 않는다.

거대한 조화 속에 피어나는 불협화음이 우주를 더욱 다채롭게 만들어준다는 점에서도 천문학은 음악과 비슷하다. 나무에 매달린 사과를 땅으로 떨어지게 하는 지구 중력과 38만km 거리를 두고저 멀리 떨어진 달을 지구 곁에 맴돌게 하는 지구 중력은 같다. 태양계에서나 안드로메다은하에서나 중력은 똑같이 작동한다. 우주는 차별하지 않는다. 단 하나의 물리법칙이 광막한 우주의 일관된 조화를 지휘한다. 그렇다고 우주가 평화롭기만 한 것은 아니다. 예측을 벗어나는 변칙을 보여주기도 한다. 원자보다 작은 미시 세계에서는 거시 세계의 문법이 허락되지 않는다. 매 순간 원자가 어디에 놓이는지, 언제 어디서 초신성이 터질지 우리는 알지 못한다. 그렇기에 이런 불협화음이 우주를 더욱 매력적으로 만든다. 흔히 천문학을 가리켜 과학 분야 중 (그나마) 가장 문학적이고 감성적인 분야라고 이야기한다. 하늘의 언어를 연구한다는 뜻에서 천-문학이라고 부르는 것은 결코 우연이 아닐 테다.

과학과 마찬가지로 음악도 분야가 다양하다. 연주하는 악기에 따라 음악을 이루는 세계관이 달라진다. 그중 피아노를 연주하는 음악 장르는 아직 수학과 과학으로부터 멀리 벗어나지 않은 분야라 할 만하다. 실제 우주가 인간의 수학적 체계 안에서 표현되는 우주와 가장 다른 점은 빈틈없이 연속적이라는 것이다. 실제 우주에서는 0과 1 사이에서 수많은 숫자를 계속 찾아낼 수 있다. 하지만 수학만으로 이 수많은 세밀한 숫자를 모두 표현하기란 불가능하다. 한정된 자원으로 실제 우주를 모방하려면 중간중간 빈틈이 있는 투박한 도구를 쓸 수밖에 없다. 흔히 이런 차이를 두고 실제 우주는 '아날로그analog 세계'인데 수학적 체계로 표현되는 우주는 '디지털digital 세계'라고 이야기한다.

줄을 퉁겨서 소리를 내는 현악기와 바람을 불어넣어서 소리를 내는 관악기는 훨씬 더 세밀한 아날로그에 가깝다. 줄 위에 손가락을 올리는 위치와 바람을 불어넣는 세기는 연속적으로 부드럽게 조절할 수 있다. 첫 번째 음보다 높되 두 번째 음보다 낮은 그 중간음을 계속 새롭게 창조해나갈 수 있다. 하지만 피아노는 다르다. 건반악기이기에 피아노로 만들어낼 수 있는 음의 수는 건반 개수로 제한된다. 그래서 건반 개수보다 더 많은 수의 음을 만들 수 없다. 물론 피아노를 새로이 조율해서 조금 다른 음색을 낼 수는 있지만, 피아노를 연주하는 동안 수시로 조율해서 음색을 바꿀 도리는 없다. 피아노는 가장 투박한 눈금으로 우주를 연주하는 가장 수학적인 악기다. 그래서 특히 피아노곡을 작곡한 음악가들의 작업에서 수학적 고민의 흔적을 엿볼 수 있다.

천문학자는 우주를 관측하고 악상을 떠올리는 음악가다. 그들의 논문 속에서 수많은 점과 곡선이 오르내리는 그래프는 마치 선율을 타고 넘실대는 악보처럼 느껴진다. 그런가 하면 작곡가는 별빛 아래 허공을 떠도는 음들 사이에서 조화와 패턴을 찾아내는 천문학자다. 작곡가들의 설계도에 맞춰 일제히 움직이는 오케스트라의 위용은 마치 일관된 법칙에 따라 굴러가는 우주의 모습을 대변하는 듯싶다. 천문학은 별빛을 노래하는 음악이고, 음악은 악보 위에 펼쳐지는 천문학이다.

차례

일러두기

1. 본문에 사용된 외래어 및 외국어 표기는 국립국어원 표기 원칙을 따르되, 해당 분야에서 굳어진 관행적 표기를 존중했습니다. 표기 방식이 혼재하는 경우, 문맥에 따라 가장 널리 통용되는 표기를 선택했습니다.

2. 단행본과 잡지 등은 겹낫표(『 』)로, 논문과 신문 등은 홑낫표(「 」)로 표기했습니다. 그림·영화·공연·시는 홑화살괄호(〈 〉)를 사용하여 구분했습니다.

3. 음악 작품은 위계에 따라 표기를 구분했습니다. 모음곡집, 협주곡, 교향곡, 오페라 등 독립된 전체 작품의 제목은 겹화살괄호(《 》)로, 그 안에 수록된 개별 곡이나 악장, 아리아 등은 홑화살괄호(〈 〉)로 표기했습니다. 작품명은 국제적으로 통용되는 표기를 따르되, 영문 제목이 고유명사처럼 굳어진 경우 원어보다 영문 표기를 우선했습니다.

조율Tuning

'원'의 신화를 깨고
'타원'으로 완성한
별들의 푸가

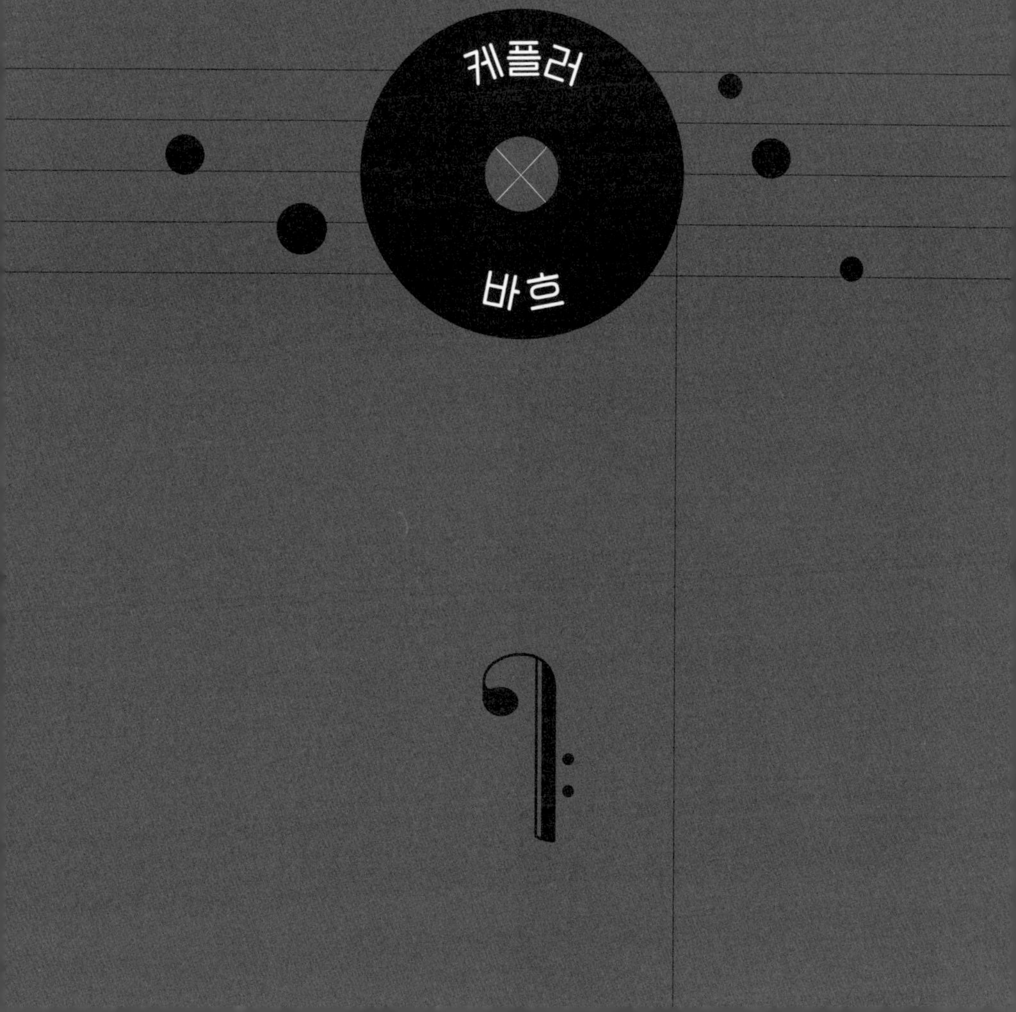

요하네스 케플러(19세기, N. Dietz)
요한 제바스티안 바흐(1746, Elias Gottlob Haussmann)

외계인에게 편지를 보낸다면 어떻게 메시지를 전달해야 할까? 알파벳이나 한자 같은 인간의 활자로 편지를 써서 보내는 건 좋은 선택이 아니다. 비좁은 지구만 해도 서로 멀리 떨어진 대륙에서는 전혀 다른 언어가 생겨났다. 해마다 외국어 공부를 다짐해본들 흐지부지 끝나는 걸 보면, 완전히 다른 행성에서 살아가는 외계인들이 우리 언어를 제대로 해독할 리 없다. 수십, 수백 광년을 가로질러 멀리 떨어져 있는 서로 다른 우주 문명이 아무런 설명을 듣지 않고도 쉽게 이해할 수 있는 공통 언어가 필요하다. 천문학자들은 그나마 수학과 음악적 언어, 이 두 가지가 우주의 모두를 위한 코스믹 만국 공통어가 될 것이라고 기대한다.

지구의 모든 문명은 똑같은 수학적 개념을 만들었다. 하나에 하나를 더하면 둘이 되고, 둘에 둘을 더하면 넷이 된다. 숫자를 어떻게 읽고 쓰는지는 저마다 달랐지만, 무언가를 더하면 수가 늘어나고 무언가를 빼면 수가 줄어든다는 개념은 모두 동일하게 발전시켰다. 시대와 지역을 막론하고 모든 문명의 수학적 개념이 단 하나의 통일된 결과로 모여들었다는 사실은 한마디로 수학적 언어가 얼마나 범우주적 언어가 될 수 있는지를 보여준다. 외계인 역시 우리의 것과 똑같은 수학적 개념을 터득했을 확률이 높으리라 기대할 만하다. 당연히 그들은 1과 2를 사뭇 다른 명칭으로 부를 것이다. 1을 '빵상'으로, 2를 '깨랑깨랑'으로 읽을지도 모른다. 그렇더라도 빵상에 빵상을 더하면 깨랑깨랑이 된다는 사실은 알 것이다. 외계인에게 수학적 언어로 소통을 시도한다면 그들도 우리가 비슷한 수학적 개념을 어느 정도 아는 꽤 똑똑한 종족이라는 사실은 눈치챌 것이다.

음악적 언어도 수학적 언어 못지않은 강력한 힘이 있다. 수학적 언어가 그랬듯, 음악도 모든 문화에서 발전했다. 시대와 지역에 따라 유행하는 추세와 음악 취향이 대거 바뀌었을지언정 음악이 존재하지 않았던 적은 없다. 이미 수십만 년 전에 인류의 후두가 열리고 목에서 소리를 낼 수 있게 된 순간부터 음악은 인류 역사와 함께했다. 처음에는 단순히 손뼉을 치고 배를 두들기면서 음악이 시작됐을 것이다. 슬로베니아 디브예 바베Divje Babe 동굴에서 약 6만 년 된 것으로 추정되는 가장 오래된 악기가 발굴됐다. 곰의 넓적다리뼈에 구멍을 뚫어서 만든 플루트 형태의 악기로 짐작된다. 타악

디브예 바베 동굴에서 발견된 가장 오래된 플루트(2021 촬영, Petar Milošević)

기의 둔탁한 리듬 위에 처음으로 멜로디가 얹히면서 진정한 음악이 시작된 현장이었을 것이다. 유럽뿐 아니라 아프리카와 동남아시아, 아메리카 대륙 전역에 걸쳐 구석기시대부터 이어진 음악의 흔적을 보여주는 유물이 많이 발견된다. 외계인들이 높은 지능을 갖춘 고등 생명체라면 우리는 당연히 그들과 의사소통해야 한다. 아울러 그들도 발성기관과 청각기관이 있으리라 기대할 만하다. 그렇다면 그들도 단순한 언어를 넘어 청각기관을 더욱 즐겁게 해주는 음악을 즐기기 마련이다. 지구의 호모사피엔스와는 음악 취향이 영 다를 법하지만, 우리가 듣기에 기괴한 음악일망정 어쨌거나 그들도 어떤 형태로든 음악 자체를 향유하고 있을 것이다.

결국 우주에서 제 위치를 인식하며 살아가는 지적 문명이라면 오래전 우주를 탐구하며 시작된 다양한 생각이 수학과 음악이라는 서로 다른 두 분야로 갈라지게 된 역사를 경험했을 테다. 우리가 그랬듯 말이다. 과학의 언어라 할 수 있는 수학 역시 음악만큼이나 우주를 살아가는 모든 존재가 공유할 수 있는 유일한 공감대다.

외계인은 수학 실력이 어느 정도이고 음악 취향이 어떨지를 실제로 고민했던 적이 있다. 영화 속 이야기가 아닌 현실이다. 2012년 8월 25일과 2018년 11월 5일에 두 대의 작은 탐사선이 각각 태양계 가장자리를 벗어나 별과 별 사이 성간 우주로 항해해 나아가기 시작했다. 그 주인공은 바로 1977년에 지구를 떠난 보이저Voyager 1호와 2호다. 얼핏 생각하면 보이저 1호가 먼저 지구를 떠났을 것 같지만 그렇지 않다. 보이저 2호가 먼저 지구를 떠났다. 보이저 1호와 2호는 여행 경로가 조금 달랐다. 보이저 1호는 목성과 토성까지 살펴보고 토성 곁에 있는 타이탄에 잠시 들렀다가 곧바로 태양계를 벗어났다. 반면 보이저 2호는 목성과 토성 너머 천왕성과 해왕성까지 모두 둘러보고 나서 태양계를 떠났다. 지구에서는 보이저 2호가 앞서 발사됐지만 목성에 먼저 다다른 건 서둘러 태양계를 벗어날 예정이던 보이저 1호다. 보이저 탐사선은 이름에 숫자를 붙일 때조차 지구가 아닌 우주의 관점을 따른 셈이다.

태양계 외곽에 있는 가스 행성들을 두루 거쳐가며 보이저 1호와 2호는 빠르게 속도를 높였다. 더는 태양이 그 중력의 손아귀로 붙잡을 수 없을 만큼 급속도로 멀어지고 있다. 그러다 보면 결국 수십만, 수백만 년이 흐른 뒤에도 이 두 보이저 탐사선은 전력이 모두 꺼진 채로 홀로 우주를 떠돌 것이다. 보이저 탐사선 프로젝트를 함께 맡았던 천문학자 칼 세이건Carl Sagan이 재미있는 생각을 떠올렸다. 어쩌면 우주에 살고 있는 또 다른 존재가 다 녹슨 보이저 탐사선을 발견할 수도 있지 않을까? 그 이름 모를 존재에게 저 먼 과거에 보이저 탐사선을 띄워 보낸 호모사피엔스가 어떤 모습으로 삶을 살았는지 보여줄 수 있지 않을까?

세이건은 비록 먼 미래에 인류가 사라지고 지구마저 존재하지 않는다 해도 한때 지구에 살았던 인류의 찬란한 모습을 누군가 추억해주기를 바랐다. 그래서 보이저 탐사선이 발사된 때인 1970년대 당시 지구의 다양한 모습을 간직한 사진과 목소리 그리고 음악이 수록된 레코드를 탐사선에 실어 보냈다. 이 레코드가 언제 발견될지 알 수 없다. 수십억 년 동안 내내 발견되지 못할 수도 있다. 그래서 최대한 오랜 시간 녹슬지 않고 보존될 수 있도록 가장 안정적인 금으로 레코드를 코팅했다. 덕분에 보이저의 레코드는 영롱한

보이저 1호와 2호에 실린 골든 레코드의 앞면과 뒷면(1977, NASA)

황금색으로 빛난다. 이 골든 컬러가 인류의 추억을 더욱 찬란하게 만든다.

보이저 골든 레코드Golden Record에는 총 27트랙이 수록되어 있다. 지구에 형성된 다양한 문화권을 보여주기 위해 인도네시아, 세네갈, 중국, 뉴기니 등 여러 민족의 전통음악을 실었다. 원래는 비틀스 음악도 포함할 계획이었으나, 안타깝게도 소속사에서 과도한 저작권료를 요구하는 바람에 불발됐다. 그래서 척 베리Charles Edward Anderson Berry의 〈조니 비 굿Johnny B. Goode〉이 골든 레코드에 실린 유일한 대중음악이다. 비틀스는 아쉽게도 소속사의 완고

한 방침 탓에 우주에 영원히 남게 될 기회를 놓쳤다. 레코드에는 모차르트, 베토벤, 스트라빈스키 같은 작곡가들의 아름다운 클래식도 수록되어 있다. 그만큼 골든 레코드는 인류가 처음으로 태양계 바깥 우주에 띄워 올린 데뷔 앨범인 셈이다.

인사말과 지구 자연의 소리를 제외한 음악 중 첫 첫 번째 트랙은 바로 17~18세기 독일 작곡가 요한 제바스티안 바흐Johann Sebastian Bach(1685~1750)의 《브란덴부르크 협주곡 제2번Brandenburg Concerto No. 2, BWV 1047》 중 〈1악장1st Movement〉이다. 이 외에도 바흐의 음악이 두 곡 더 수록되어 있다. 《바이올린 파르티타 제3번 E장조Violin Partita No. 3 in E major, BWV 1006》 중 〈가보트 앙 롱도Gavotte en Rondeau〉와 《평균율 클라비어 곡집The Well-Tempered Clavier, BWV 846~893》 제2권 중 〈프렐류드와 푸가Prelude and Fugue〉다. 외계인이 골든 레코드를 감상하게 된다면 아마도 바흐를 지구에서 가장 인기 있는 아티스트로 생각할는지 모른다.

보이저 탐사선의 플레이리스트에서 바흐가 이토록 많은 사랑을 받은 이유는 그의 음악이 가장 수학적이기 때문일 것이다. 음악의 새로운 체계를 정립한 장본인이 바흐다. 그는 모든 연주자가 똑같은 음을 연주할 수 있도록 이끌었다. 가장 단순한 규칙이 더없이 아름답고 조화로운 음악을 만들어낸다는 것을 몸소 보여주었다. 체계가 잡히지 않았던 바로크 시대가 바흐로 인해 막을 내렸다. 바흐 손에서 가장 성숙한 모습으로 종말을 맞이했다.

《브란덴부르크 협주곡 제2번》 중 〈1악장〉

EuroArtsChanne _ Youtube

♫ ♫ ♫

"수가 우주를 지배한다."

_ 사모스의 피타고라스

과학의 알파벳이 '수'라면 음악의 알파벳은 '음'이다. 우주 만물이 수라고 주장한 고대 그리스 수학자 피타고라스가 처음으로 음계 개념을 만든 것은 결코 우연이 아니다. 도레미파솔라시도 음계의 기원을 이야기할 때 피타고라스와 관련해 항상 빠지지 않고 등장하는 전설 같은 이야기가 있다.

어느 날 피타고라스가 대장간 근처를 지나가다가 대장장이 둘이 망치로 쇳덩어리 두드리는 소리를 들었다. 그런데 그 망치 소리가 조화로웠다. 우연히도 두 망치의 무게가 깔끔하게 딱 1:2 비율이었다. 대장장이 둘이 번갈아가며 두드리는 망치 소리는 딱 한 옥타브 차이의 음을 만들어냈고, 여기에서 영감을 받은 피타고라스가 단순한 정수 비율로 조화로운 음을 찾아냈다는 이야기다. 아주 유명한 풍설이지만 사실이 아닐 가능성이 높다. 단순히 망치 무게만으로는 도레미파솔라시도 같은 다양한 음을 낼 수 없기 때문이다.

대신 더 믿을 만한 이야기가 있다. 고대 그리스 음악가들은 지금보다 훨씬 단순한 악기를 사용했다. 줄이 달랑 하나뿐인 모노코드monochord처럼 말이다. 모노코드는 기다란 나무 막대기에 줄의 양끝을 연결하고 손가락으로 퉁기면 그 위치에 따라 음이 달라지는 단순한 악기다. 퉁겨진 줄이 진동하는 동안 주변 공기를 밀고 당기면서 주기적인 압력 변화를 일으킨다. 그러면 공기도 진동하게 되어 우리가 그 소리를 듣는다. 소리의 높이는 파동의 주파수frequency로 결정된다. 주파수는 1초에 파동이 얼마나 진동하는지를 나타내는데, 이 주파수가 클수록 더 빠르게 많은 횟수로 진동한다. 그래서 고막을 더 날카롭게 때리는 높은 피치pitch(음의 높이)의 소리를 만든다. 반면 주파수가 낮을수록 더 느리게 천천히 진동하면서 낮은 피치의 소리를 만든다. 짧은 줄은 더 빠르고 좁게 진동하기 때문에 더 높은 소리를 만든다. 긴 줄은 더 느리고 넓게 진동해서 더 낮은 소리를 낸다. 즉, 줄의 주파수는 줄 길이에 반비례한다.

피타고라스는 모노코드를 활용해서 조화로운 화음을 빚어내는 줄 길이의 비율을 찾았다. 줄 길이가 딱 2배 짧아지면 원래보다 피치가 높되 원래 음과 비슷하고 조화로운 음을 생성한다. 정확히 한 옥타브 차이, 낮은 도와 높은 도의 차이다. 또 다른 화음을 만들어내는 비율이 있다. 줄 길이가 2:3 비율일 때도 두 음이 조화롭게 들린다. '도'와 '솔'처럼 다섯 단계 차이가 나는 완전5도가 그렇다. 피타고라스는 음악도 우주 원리를 대변하는 조물주의 아름다운 피조물이라고 생각했다. 그래서 음악도 우주처럼 깔끔한 정수 비율로 작동해야만 했다. 피타고라스는 한 옥타브 차이가 나는 1:2 비율의 음과 5도 차이가 나는 2:3 비율의 음에 기반해서 오늘날 도레미파솔라시도 음계의 원형을 설계했다.

피타고라스가 깔끔한 숫자에 얼마나 집착했는지를 보여주는 유명한 이야기가 하나 더 있다. 피타고라스는 깔끔하게 딱 떨어지는 정수 비율만으로 우주가 돌아간다고 생각했다. 그만큼 수학에서 미적 아름다움을 강요한 인물이다. 그런데 피타고라스학파의 한 사람이던 히파수스Hippasus가 정사각형의 대각선 길이를 연구하던 중 정사각형의 한 변 길이가 1일 때 대각선 길이를 간단한 정수 비율만으로 표현할 수 없다는 사실을 발견했다. 오늘날 우리는 이 길이를 $\sqrt{2}$로 표현한다. $\sqrt{2}$는 1.4142135623730950488…와 같이 끝없이 이어지는 무리수다. 히파수스의 발견은 피타고라스의 우주관을 뿌리째 흔들었다. 우주의 모든 수는 깔끔한 정수 비율로 표현할 수 있다고 생각하던 피타고라스의 주장을 정면으로 부정하기 때문이었다. 결국 피타고라스는 무리수의 존재를 숨기기 위해 극단적인 행위도 서슴지 않았다고 전해진다. 단순히 히파수스에게 입단속을 시켰다는 이야기부터 아예 바다에서 배 바깥으로 그를 내던져 목숨을 빼앗았다는 섬뜩한 전설까지 떠돈다. 지금으로부터 2500년

피타고라스가 늘어난 진동현으로 고주파 실험을 진행하는 모습을 그린

(1492, Franchino Gafori, *Theorica Musice* 중에서)

전 일이다 보니 진실이야 알 수 없지만, 그가 얼마나 극단주의 수학자였는지를 보여주는 유명한 일화다.

♫ ♫ ♫

피타고라스 못지않게 수학에 심취한 인물이 또 있다. 바로 16~17세기 독일 천문학자인 요하네스 케플러Johannes Kepler(1571-1630)다. 그는 현실 세계에서 수학귀신이었다고 해도 될 만큼 수학에 미친 수학 광인이었다. 케플러와 피타고라스는 무시무시한 공통점이 하나 더 있는데, 케플러 또한 수학적 이유 단 하나 때문에 타인을 암살했다는 루머가 따라다닌다는 것이다.

조산아로 태어난 케플러는 어릴 적 천연두를 심하게 앓고 나서 몸 상태가 더 악화됐다. 시력이 좋지 않았고 병약했다. 천문학은 관측의 과학이다. 게다가 당시에는 망원경으로 별을 보지 않았다. 모든 천문을 맨눈으로 관측할 따름이었다. 케플러는 눈이 침침해서 그가 사랑하는 밤하늘을 선명하게 바라볼 수 없었다. 대신 그에게는 수학이 있었다. 수학적 감각을 타고났다. 어린 시절 외할아버지가 운영하는 여관에 머물렀는데, 여관을 드나들던 여행객 사이에서 입소문이 날 정도로 뛰어난 계산 실력을 뽐냈다고 한다. 케플러는 빼곡한 숫자로 채워진 관측 기록 속에 숨어 있는 수학적 패턴과 규칙을 찾아내는 능력이 탁월했다.

중세시대 천문학은 점성술과 깊숙이 얽혀 있었다. 당시 천문학은 단순한 자연과학이 아니었다. 좀 더 실용적이고 신비주의 색채가 짙었다. 실제로 케플러는 독일 튀빙겐대학교에서 신학과 천문학을 공부하던 시절에 친구들 운세를 점치면서 유명해지기 시작했다. 점괘가 꽤 맞았던 모양이다. 그는 이내 능숙한 점성가로 더 널리 이름을 떨치게 됐고, 1594년 겨우 스물세 살의 나이로 오늘날 오스트리아에 있는 그라츠대학교에서 수학과 천문학을 가르치는 교수직을 제안받았다. 한결 나은 환경에서 천문학 연구에 몰두할 수 있었던 케플러는 행성들 움직임 속에 수학적이고 음악적인 조화가 숨어 있을 것이라는 생각에 푹 빠져들었다. 독실한 기독교 신자이기도 했기에 우주를 수학적으로 탐구하다 보면 조물주가 우주를 만든 창조원리를 밝혀낼 수 있다고 믿었다. 케플러에게는 천문학 연구가 수도 생활이나 다름없었다. 하지만 1599년이 되도록 그의 연구 결과는 만족스럽지 않았다. 케플러는 자신이 확보할 수 있는 관측 데이터의 정확도가 워낙 떨어져서 그렇다고 생각했다. 더 만족스럽게 분석하려면 더 훌륭한 데이터가 필요했다. 케플러는 데이터를 갈망하기 시작했고, 호시탐탐 천문학자 한 사람을 예의주시하고 있었다. 바로 당시 체코 프라하에서 한창 새로운 천문대를 짓고 있던 튀코 브라헤Tycho Brahe였다.

브라헤는 남달리 압도적인 시력을 자랑했다고 한다. 브라헤는 거의 모든 관측을 자신의 맨눈에 의존했다. 케플러가 수학귀신이라면 브라헤는 관측귀신이었다. 브라헤는 16세기 노르웨이-덴마크 국왕인 프레데리크 2세의 총애를 받았는데, 국왕이 무려 섬 하나를 통째로 내어줄 정도였다. 스웨덴과 덴마크 사이 해협 한가운데 있는 이 벤섬Hven Island은 면적이 여의도의 2배에 달한다. 그 거대한 섬 영토 전체와 그곳에 사는 농민들까지 모두 브라헤 소유였다. 브라헤는 섬 한가운데에 천문을 관측하고 연금술을 연구하기 위한 자신만의 성을 지었다. 그리고 이곳이 군사 요새라기보다는 그리스신화 속 천문 뮤즈인 우라니아Urania에게 바치는 헌사이자 사원이라고 생각했다. 그래서 이 성을 우라니보르크Uraniborg(우라니아의 성)라고 불렀다. 그런데 성안에 높이 솟은 탑은 강한 바람이 불면 흔들렸고 날씨 영향도 더 많이 받아서, 도리어 천문 관측에 좋지 않았다. 브라헤는 우라니보르크 근처에 지하 천문대를 하나 더 만들었다. 우물처럼 땅 밑을 파고 들어가 그 아래에서 위에 뚫린 구멍 너머로 밤하늘을 바라보는 관측소였다. 이 새롭게 설계한 관측소는 '별의 성'이라는 뜻에서 '스티에르네보르크Stjerneborg'라고 불렀다.

고립된 섬에서 홀로 밤하늘을 바라보며 브라헤는 마음 편히 별을 관측했다. 누구의 방해도 받지 않고 연구에 모든 에너지를 쏟아부었다. 덕분에 그때까지 유럽에서 가장 방대하고 정교한 별의 지도를 완성할 수 있었다. 하지만 벤섬에서 브라헤가 누린 행복은

튀코 브라헤가 자신의 천문대에서 조수의 도움을 받으며 별을 바라보는 모습(1598, 튀코 브라헤, 『새 천문학 기기Astronomiae instauratae mechanica』 중)

영원하지 못했다. 그를 총애하던 프레데리크 2세가 물러나고 새로운 국왕 크리스티안 4세가 즉위하면서 그의 자리가 위태로워졌다. 결국 벤섬에서 쫓겨난 브라헤는 프라하로 거처를 옮겼다. 우라니보르크에 모든 것을 두고 떠나야 했기에 처음부터 다시 시작해야 했다. 그는 자신의 초롱초롱한 눈동자로 관측한 별과 행성들의 움직임을 수학적으로 정교하게 분석해줄 조수가 필요했다. 마침 독일에서 케플러라는 똘똘한 어린 교수가 새로운 일자리를 찾고 있다는 소식이 들려왔다. 브라헤는 1599년 12월 케플러에게 초대장을 보냈다. 사실 케플러도 브라헤의 독보적인 관측 데이터에 일찌감치 눈독을 들이던 터였다. 그래서 케플러는 1600년 1월 1일 새해가 밝자마자 브라헤를 만나려고 길을 나섰다. 재밌는 건 이때 브라헤의 초대장은 케플러에게 전달되기도 전이라는 사실이다.

얼핏 생각하면 브라헤와 케플러는 환상의 짝꿍이었을 듯도 싶다. 하지만 실상은 전혀 달랐다. 두 사람 사이에는 오래도록 미묘한 갈등이 끊이지 않았다. 심지어 각자 믿는 우주관도 무척 달랐다. 순전히 서로의 필요 때문에 인연을 끊지 못했을 뿐이다. 브라헤는 케플러의 계산 실력이 필요했고, 케플러는 브라헤의 값진 관측 데이터를 원했다. 두 사람은 상대방을 존중하지 않았다. 그저 서로의 능력을 탐했을 따름이다.

1600년 2월 4일, 오늘날 체코 북부에 있는 작은 시골 마을 베나트키나트이제로우Benátky nad Jizerou에서 브라헤와 케플러가 처음 만났다. 프라하로 거처를 옮긴 브라헤의 새로운 천문대가 한창 건설되던 곳이다. 천문대가 완공될 때까지 약 2개월간 케플러는 브라헤 집에 손님으로 머물며 브라헤의 연구를 도왔다. 브라헤는 케플러에게 가장 먼저 그간 쌓아놓은 화성 관측 데이터를 쥐여주었다. 화성은 브라헤 이전부터 오랫동안 지구 밤하늘에서 가장 이해할 수 없는 움직임을 보이는 행성이었다. 모두가 막연하게 믿고 있던 아리스토텔레스Aristotle 같은 고대 철학자들의 모델만 가지고는 가늠할 수 없는 움직임이었다. 브라헤는 도무지 설명할 수 없는 화성 관측 데이터 일부를 가장 먼저 케플러에게 제공했다. 신입 조수를 테스트한 셈이다.

원은 가장 안정적인 도형이다. 수학적으로도 미적으로도 안정된 느낌을 준다. 오랫동안 고대 천문학자들은 모든 천체가 완벽한 원의 형태를 띠며 완벽한 원궤도로 움직인다고 생각했다. 그런데 화성은 유독 이상했다. 밤하늘에서 아주 작고 어둡게 보이는가 하면 크고 밝게 보이기도 했다. 이는 화성까지 거리가 계속 들쭉날쭉 변하기 때문이다. 만약 태양을 중심으로 화성이 전혀 찌그러지지 않은 완벽한 원을 따라 움직인다고 가정하면 태양은 원의 중심에서 상당히 벗어나 있어야 한다. 케플러가 브라헤에게 건네받은 데이터를 간단히 분석해보니, 화성이 원궤도를 그린다면 태양은 그 궤도가 그리는 반지름의 10분의 1이나 떨어진 지점에 놓여 있어야 했다. 게다가 화성은 궤도를 돌면서 속도가 변하고 있었다. 태양에 가까운 지점을 지날 때 가장 빠르게 움직였고, 태양에서 가장 먼 지점을 지나는 순간 가장 느렸다. 그때까지 모든 천문학자가 행성들이 완벽한 원궤도를 따라 항상 일정한 속도로 움직일 것이라고 생각했다. 그래서 화성의 속도가 느려지고 빨라지기를 반복하는 이유를 알 수 없었다.

사실 이는 케플러가 있기 전 프톨레마이오스 때부터 이어져 온 질문이다. 프톨레마이오스는 한 가지 해결책을 제시했다. 화성은 여전히 완벽한 원궤도를 그린다. 다만 태양이 원의 중심에 정확히 있지 않다. 대신 원의 중심에서 살짝 옆으로 벗어나 있다. 이것을 동시심等時心 · equant이라고 한다. 이렇게 가정하면 태양에 가장 가까운 지점과 가장 먼 지점을 지날 때 각각 관측되는 화성의 겉으로 보이는 움직임의 속도가 조금씩 빨라지고 느려지는 이유를 설명할 수 있다. 케플러는 프톨레마이오스의 설명이 화성의 미스터리를 말끔히 해결할 수 있는지 확인하고 싶었다. 마침 케플러에게는 그 이전의 누구보다 정밀함을 자랑하는 브라헤의 관측 데이터 일부가 있었다. 하지만 그는 프톨레마이오스의 방식으로는 실제로 관측된 화성의 움직임을 설명할 수 없다는 점을 확인했다. 태양이 원궤도의 중심에서 살짝 벗어나 있다고 가정하더라도 실제 관측된 화성의 움직임과 약 8′ 정도 오차가 생겼던 것이다(참고로 각도 60′가 1°다. 즉, 케플러가 계산한 오차는 겨우 60분의 8°밖에 안 되는 미세한 차이다). 케플러는 브라헤의 관측 기록이 1′ 수준으로 아주 정확하다는 것을 잘 알고 있었다. 그래서 케플러가 계산한 8′ 정도의 오차는 절대 무시할 수 없는 수치였다.

케플러는 화성 궤도를 정확히 파악하려면 일단 지구 궤도부터 제대로 그릴 필요가 있다는 점을 깨달았다. 브라헤의 모든 화성 관측 기록은 결국 지구 위에서 진행된 것이다. 브라헤는 움직이는 지구 위에서, 자신의 궤도를 따라 움직이는 화성을 지켜보며 지구 밤하늘에서 화성이 보이는 위치가 어떻게 변하는지를 기록했다. 그렇다면 사방으로 뻥 뚫린 광활한 우주 한복판에서 지구 위치를 어떻게 파악해야 할까? 케플러는 망망대해를 떠도는 배에서 힌트를 얻었다. 저 멀리 등대 불빛이 두 개 보인다면 나침반 하나로 지도 위에서 배가 어느 위치를 지나고 있을지 가늠할 수 있다. 배를 기준으로 두 등대 불빛이 각각 어느 방향에서 보이는지 살핀다. 그리고 지도 위에 찍힌 등대 두 곳에서 배가 보이는 방향을 선으로 그린다. 이렇게 지도 위에 표시된 두 선이 교차하는 지점이 바로 배가 있는 위치다. 그러면 각 등대로부터 지금 배가 얼마나 멀리 떨어져 있는지 알 수 있다.

케플러는 마찬가지 방식으로 우주 지도 위에서 지구 위치를 파악하려고 했다. 그런데 문제가 있었다. 지도 위에서 배의 정확한 위치를 짚으려면 고정된 밝은 등대가 두 개 필요하다. 그런데 지구 곁에 있는 고정된 불빛은 태양뿐이다. 밤하늘에 희미하게 빛나는 별들은 너무 멀어서 쓸모가 없다. 멀지 않은 적당한 거리에 떨어져 있는 또 다른 등대가 필요하다. 여기에서 케플러가 교묘한 속임수를 부렸다. 화성을 두 번째 등대로 선택한 것이다. 물론 화성은 멈춰 있지 않다. 지구와 마찬가지로 태양을 중심으로 궤도를 돈다. 그런데 케플러가 브라헤의 관측 데이터를 면밀히 분석한 끝에 일정한 주기로 화성이 지구 밤하늘에서 정확히 같은 위치에 되돌아온다는 사실을 발견했다. 대략 687.1일을 주기로 지구 밤하늘의 정확히 같은 방향에서 화성을 다시 볼 수 있다. 태양을 중심으로 지구와 화성이 각자 궤도를 돌다가 상대적으로 같은 위치에 놓이게 된다. 이 주기를 회합주기synodic period라고 한다. 산더미처럼 쌓인 브라헤의 관측 데이터 속에서 케플러는 한 주기가 반복될 때마다 지구에서 바라본 화성의 정확한 위치를 찾아냈다.

> "케플러가 고정된 화성을 사용한 것은 진정한 천재의 아이디어였다."
>
> _ 알베르트 아인슈타인

게다가 화성과 달리 지구는 궤도가 거의 찌그러지지 않은 완벽한 원에 가깝다는 사실을 발견했다. 반면 화성 궤도는 조금 더 크게 일그러져 있었다. 간단한 원이 아닌 옆으로 더 길게 늘어진 타원이라고 봐야 했다. 그렇긴 하지만 실제로 화성의 타원 궤도가 찌그러진 정도는 아주 미미하다. 화성이 그리는 타원 궤도에서 가장 긴 반지름과 가장 짧은 반지름의 차이는 겨우 0.4% 정도다. 다른 사람이었다면 단순히 스승 브라헤의 관측 데이터에 크고 작은 오차가 있던 게 아닐까 하고 넘어갈 법한 수치다. 하지만 케플러는 이런 미세한 오차를 무시할 수 없었고, 결국 실제 행성들이 그리는 궤도가 완벽한 원이 아닌 타원이라는 진실에 다가갔다. 아이러니하게도 약간 찌그러진 못난 우주의 진실을 가장 먼저 마주한 건 우주에 가장 완벽한 조물주의 수학적 아름다움과 조화가 숨어 있으리라 생각하며 집착한 케플러다. 오히려 케플러야말로 가장 때 묻지 않은 마음으로 자신의 조물주를 바라본 인물이었다고 할 수 있다. 다른 천문학자들은 인간적 사고방식의 한계를 벗어나지 못한 채 우주가 마땅히 보여주는 관측 데이터를 올바르게 해석하지 못했다. 하지만 케플러는 마음의 때를 떨쳐내고 우주 본연의 모습을 있는 그대로 순수하게 바라볼 수 있었다.

케플러로서는 화성 궤도의 미스터리를 해결하기 위해 씨름한 시간이 굉장히 괴로웠다. 타원 궤도라는 진실을 받아들이기까지 6년 가까운 시간이 걸렸다. 그동안 70가지나 되는 다양한 가정을 시도했고, 매번 방향이 잘못되어 막다른 길에 부딪혔다. 무려 수천 쪽에 달하는 계산을 해내야 했다. 화성을 무대로 케플러가 치른 이 외로운 싸움을 케플러의 화성전투Kepler's Battle of mars라고 부른다. 공교롭게도 화성이 전쟁의 신 마르스Mars 또는 아레스Ares를 상징하는데, 그런 화성에 걸맞은 처절한 계산 과정이었다.

"마치 내가 잠에서 깨어나고, 새로운 빛이 나를 비추는 것 같았다."

_요하네스 케플러

케플러의 화성전투가 더욱 괴로웠던 이유는 브라헤가 좀처럼 협조적이지 않았기 때문이다. 기록에 따르면 브라헤는 자신의 관측 데이터에 애착이 컸던 인물이다. 그래서 자신의 귀한 보물을 선뜻 다른 사람과 공유하지 않았다. 우연히 자신과 비슷한 주장을 펼치는 천문학자가 있으면 번번이 자신의 논문을 표절했다고 시비를 걸었다. 모든 발견은 오직 자기 손에서 직접 나와야 한다고 생각하던 천문학계의 스크루지 같은 사람이었다. 우주에는 주인이 없다는 가치관 아래, 가능한 모든 관측 데이터를 전 세계 천문학자들과 공유하려고 하는 오늘날 천문학계 문화에 비추어 보면 브라헤는 굉장히 폐쇄적이고 고집스러운 인물이었다고 할 만하다.

그런데 돌연 브라헤가 사망했다. 브라헤가 케플러와 만난 지 겨우 1년밖에 안 된 1601년의 일이다. 그는 프라하에서 열린 한 귀족의 연회에 참석했는데, 그로부터 11일이 지난 1601년 10월 24일에 그리 많지 않은 54살의 나이로 세상을 떠났다. 이후 케플러는 브라헤가 귀족 앞에서 예의를 차리느라 화장실에 가지 않고 억지로 참는 바람에 몸에 무리가 갔을 것이라고 증언했다. 실제로 브라헤가 죽은 직후에 의사는 신장결석으로 보인다고 진단했다. 그런데

1900년대에 브라헤 시신을 분석한 뒤로 새로운 음모론이 퍼지기 시작했다. 시신에서 신장결석 징후가 나타나지 않았기 때문이다. 대신 흥미롭게도 시신 일부에서 수은이 발견되면서, 브라헤가 누군가에게 의도적으로 독살당했을 수도 있다는 추측이 나돌았다. 그리고 유력한 범인 중 하나로 케플러가 지목됐다.

사실 케플러라면 동기가 충분했다. 브라헤가 귀중한 관측 데이터를 손에 쥐고 케플러에게 선뜻 내어주지 않았기 때문이다. 게다가 죽기 직전에 브라헤가 또 다른 무리한 작업을 케플러에게 맡겼는데, 자신이 관측한 별 1600개의 데이터를 빼곡하게 정리해서 새로운 도표를 작성하는 일이었다. 이 작업은 브라헤가 죽고 나서 한참 시간이 지난 1627년에야 케플러가 마무리해서 '루돌프 표Tabulæ Rudolphinæ'(루돌프는 당신 신성로마제국 황제의 이름)라는 이름으로 발표됐다. 그래서 한때 일부 역사학자는 케플러가 그 일에 앙심을 품고 술잔에 수은을 타서 브라헤를 독살했을지도 모른다고 추측했다.

브라헤가 사망한 뒤에 벌어진 일련의 정황도 케플러를 의심하게 만든다. 브라헤가 맡고 있던 궁정 수학자 자리도 브라헤 사후 케플러가 물려받았다. 케플러는 브라헤 후손들과 법정 공방도 벌였다. 브라헤 후손들은 브라헤의 관측 데이터가 가족 소유라고 주장했지만, 케플러는 미처 끝내지 못한 연구를 완성하는 것이 시급하다고 역설했다. 그는 천문학 데이터는 단순히 한 개인의 자산이 아니며, 학문 발전이라는 공익을 추구하는 데 필요한 공공 자산으로 평가돼야 한다고 주장했다. 케플러는 특히 브라헤의 사위이자 또 다른 조수인 프란츠 텡나겔Franz Gansneb Tengnagel과 가장 치열하게 다툼을 벌였다. 이 과정에서 자신의 천문학 연구를 완성하려면 브라헤의 관측 데이터가 꼭 필요하다고 강조하며 맞섰다. 그때까지만 해도 과학적 지식 또한 미술 작품처럼 개인 작업물 내지 소유물로 여겼기 때문에 케플러의 주장이 설득력을 얻기는 어려워 보였다. 법정 다툼이 길어지는 동안에도 케플러는 브라헤의 데이터를 몰래 가져다 썼는데, 화성이 타원 궤도를 그린다는 사실도 이렇게 데이터를 도둑질해서 일군 발견이었다. 그 데이터로 역작 『신천문학Astronomia Nova』을 집필하기도 했다.

결과적으로 판결이 케플러에게 유리하게 끝난 건 아니다. 하지만 브라헤 가족도 모든 데이터에 대해 독점권을 행사하지는 못했다. 끈질긴 법정 싸움 끝에 케플러는 브라헤의 데이터 일부를 확보했고, 이는 태양계를 가장 아름답고 조화롭게 이해할 수 있도록 도와주는 위대한 발견으로 이어졌다. 브라헤의 데이터를 무단으로 활용했다는 점에서 케플러는 죄책감이 들기도 했지만, 자신의 발견이 결국 새로운 과학의 발전으로 이어졌다고 생각하며 합리화했다.

물론 독실한 기독교 신자였기에 케플러가 정말로 끔찍한 독살의 범인이었을까 싶기도 하다. 또 다른 일부 역사학자는 브라헤의 시신에서 검출된 수은의 양이 목숨을 앗아갈 정도가 아니어서 직접적 사인은 아닐 것이라고 이야기한다. 그저 브라헤가 천문학과 더불어 연금술을 연구하는 동안 수은이 몸에 축적됐을 것으로 추측할 만하다. 브라헤가 왜 갑작스럽게 별이 됐는지는 알 수 없지만, 케플러로서는 확실히 그의 죽음이 마냥 슬프기만 한 일은 아니었다. 브라헤의 데이터 소유욕이 과학 발전에 분명한 독이 됐다는 점도 부정할 수 없다. 브라헤에게 가장 치명적인 독은 수은이 아니라 바보처럼 배타적이던 그 자신의 욕심이었는지도 모른다.

> "현자처럼 살았고 바보처럼 죽었다."
>
> **_튀코 브라헤 비문**

♫ ♫ ♫

바흐도 케플러 못지않게 깐깐한 완벽주의자였다. 케플러와 마찬가지로 바흐도 사제 간 다툼 때문에 결국 법정까지 간 이력이 있다. 다만 차이가 있다면 케플러는 제자였고, 바흐는 스승이었다. 젊은 시절부터 음악적 재능을 인정받으며 궁정 음악감독으로 활약한 만큼, 바흐 스스로도 본인 음악에 대한 자부심이 대단했을 것이다. 바흐가 처음으로 일을 시작한 곳은 독일 아른슈타트의 한 교회였다. 원래 계약에 따르면 그곳에서 합창단과 오케스트라가 공연할 때 옆에서 오르간을 연주하기로 되어 있었다. 그런데 계약에도 없는 앙상블 지휘를 강요했다. 제대로 된 보수도 받지 못했기에 바흐는 조금씩 불만이 쌓이기 시작했다.

이때 열아홉 살의 어린 나이였지만, 음악에 관해서라면 까다롭기 이를 데 없는 젊은 훈장이었다. 바흐는 단원들의 연주 실력이 형편없다고 생각했다. 그래서 사사건건 단원들을 향해 험악한 말을 내뱉었고, 아주 엄격한 규율을 강조했다. 그런데 바흐가 어리다는 점이 화근이 됐다. 단원들은 대부분 바흐보다 나이가 많았기에 바흐의 권위를 인정하지 않았다.

리허설을 하던 어느 날 사건이 터졌다. 한창 연습하던 중에 바순 파트에서 실수가 들렸다. 바흐는 바순 주자인 요한 가이어스바흐Johann Heinrich Geyersbach를 불러내서는 다른 단원이 모두 보는 앞에서 모욕을 주었다. 기록에 따르면 그때 바흐가 가이어스바흐에게 "보모 염소 같은 바순 주자nanny goat bassoonist"라고 윽박질렀다고 한다. 늙은 염소의 울음소리가 음매 하고 떨리듯, 바순에 제대로 바람을 불어넣지 못해 계속 음정이 흔들린다는 뜻이었다. 이 사건으로 가이어스바흐가 앙심을 품게 됐다.

그로부터 며칠 후에 사촌과 함께 집으로 돌아가던 바흐가 시장 광장을 지나가려는데, 근처에 앉아 있던 청년들 한 무리가 바흐 쪽으로 우르르 몰려들었다. 그리고 무리에서 가장 키가 큰 가이어스바흐가 몽둥이를 휘두르며 바흐를 덮쳤다. 그는 바흐보다 다섯 살 더 많았다. 공포에 질린 바흐는 도망치기 시작했고, 가이어스바호가 "더러운 개dirty dog"라고 욕설을 퍼부으며 그 뒤를 쫓았다. 그러면서 바호에게 왜 사람들 앞에서 자신을 모욕했는지 따져 물었다. 처음에는 바호도 그럴 생각이 아니었다고 방어적으로 대답했지만, 가이어스바호의 화를 가라앉히지 못하고 그만 폭발해버렸다.

사실 그도 단원들이 자신을 존중하지 않는다는 점을 잘 알고 있었다. 리허설을 할 때면 단원들이 쏟아내는 온갖 욕설과 비아냥을 견뎌야 했다. 그래서 혹시 모를 상황을 대비해 스스로를 지키려고 항상 허리에 단검을 차고 다녔다. 바호는 가이어스바호가 몽둥이를 휘두르며 위협하는 순간, 드디어 단검을 꺼내야 할 때가 왔다고 판단했다. 그렇게 단검을 뽑아 들고 가이어스바호에게 맞섰다. 가이어스바호도 바호의 단검을 빼앗기 위해 달려들었고, 두 사람은 서로 몸이 뒤엉키며 시장 광장 한복판을 굴렀다. 두 사람 사이에 격렬한 주먹질이 오가는 통에, 주변에 있던 다른 행인과 학생들이 억지로 두 사람을 떼어놓고서야 겨우 싸움이 일단락됐다. 흔히 세계적인 인기를 끌던 밴드가 멤버끼리 사이가 틀어져 해체했다는 기사를 보면 음악적 갈등이 원인이라는 설명이 덧붙곤 하는데, 바호는 그 음악적 갈등 때문에 목숨을 건 주먹질까지 주고받은 셈이었다.

바호는 이 문제를 그냥 넘어가고 싶지 않았다. 그가 느끼기에 가이어스바호의 반항은 단순한 언어 폭력을 넘어선 차원이 다른 문제였다. 게다가 바호 혼자도 아니고 다른 가족이 곁에 함께 있는 상황에서 자신을 위협했다는 점이 그에게는 큰 충격으로 다가왔다. 그래서 교회 법원에 이 사건을 신고하고, 가이어스바흐에게 징계를 내려야 한다고 주장했다. 그런데 사건 조사가 진행되면서 바흐 역시 단원들에게 가혹한 언어 폭력을 일삼았다는 사실이 밝혀졌다. 그래서 교회 법원은 가이어스바흐를 처벌할 필요가 없다고 판단했다. 얼마나 바흐에게 시달렸으면 가이어스바흐가 그렇게까지 했겠느냐는 판단이었다. 그리고 바흐에게 앞으로 단원들과 잘 지낼 수 있도록 노력해달라고 조언할 뿐이었다.

다행히 이 사건은 아무도 처벌받지 않고 그저 해프닝으로 끝났다. 하지만 바흐의 사회적 평판과 작업 방식에 큰 변화를 가져다주었다. 이 사건 이후 바흐의 직업 만족도는 크게 떨어졌다. 그래서 결국 새로운 기회를 모색하는 계기가 됐고, 바흐는 바이마르를 거쳐 쾨텐으로 자리를 옮겼다. 이곳 쾨텐에서 바흐는 더 자유롭게 자신만의 음악적 이상을 펼칠 수 있는 환경을 만났다. 우리가 익히 아는 바흐의 역작이 바로 여기에서 탄생했다. 그중 대표작을 꼽아보면 《브란덴부르크 협주곡Brandenburg Concertos, BWV 1046－1051》과, 첼로가 솔로로서 이토록 아름다운 음악을 선보일 수 있다는 것을 처음으로 보여준 작품이라는 평가를 받는 《무반주 첼로 모음곡Unaccompanied Cello Suites, BWV 1007－1012》이 있다. 법적 다툼과 소송에 휘말릴 만큼 거칠고 고집스러운 면모가 마냥 바람직하다고는 평가하기 어렵지만, 케플러와 바흐가 남다른 경지에 오를 수 있도록 해준 원동력 중에는 이런 집요함도 적지 않은 역할을 했을 것이다.

♫ ♫ ♫

케플러는 화성과 달리 지구의 궤도가 거의 찌그러지지 않은 완벽한 원에 가깝다는 사실을 발견했다. 반면 화성의 궤도는 조금 더 크게 찌그러져 있었다. 간단한 원이 아닌 옆으로 더 길게 찌그러진 타원이라고 봐야 했다. 그래봤자 실제로 화성의 타원 궤도가 찌그러진 정도는 아주 미미하다. 화성이 그리는 타원 궤도에서 가장 긴 반지름과 가장 짧은 반지름의 차이는 겨우 0.4%밖에 안 된다. 다른 사람이라면 단순히 스승 브라헤의 관측 데이터에 작은 오차가 있던 게 아닐까 하고 넘어갈 수 있을 정도로 작은 오차였다. 하지만 케플러는 집요했다.

미세한 오차를 그냥 흘려 넘기지 않았던 집요함과 섬세함이 우주의 진실에 한 발짝 더 다가갈 수 있도록 이끌었다. 오랫동안 인류는 완벽한 원으로만 된 이상적인 우주를 상상했지만, 현실은 그렇지 않았다. 우주도 조금씩 어긋나고 삐걱거리는 세계였다. 완벽할 줄로만 알았던 천상도 불완전한 지상과 별반 다르지 않았다. 결국 인류는 완벽을 향한 미련을 버리고, 불완전한 우주와 타협했다.

음악도 마찬가지다. 작은 불협화음도 사소하게 넘기지 않았던 음악가들의 집요함과 섬세함이 있었기에 음악은 비로소 평화를 찾았고, 새로운 패러다임에 접어들었다.

자연의 소리에서 아름다운 수학적 조화를 찾아낸 피타고라스는 1:2와 2:3이라는 단 두 가지 비율을 사용해서 음을 구분하는 새로운 체계를 만들고 싶어 했다. '도'를 예로 들면 '도'보다 주파수가 3/2배 더 큰 새로운 음을 찾는다. 그러면 도와 5도 화음을 이루는 솔이 된다. 이런 식으로 계속 주파수가 3/2배 더 큰 음을 찾아가면 도–솔–레–라–미–시–파♯–도♯–솔♯–미♭–시♭–파–도와 같이 한 바퀴를 돌아 다시 도로 돌아온다. 다만 계속 주파수가 커졌기 때문에 원래 도보다는 훨씬 옥타브가 높은 도가 된다. 이렇게 높은 옥타브의 도를 만드는 방법이 또 있다. 원래 낮은 도를 기준으로 주파수가 2배 더 큰 음을 찾는 것이다. 그러면 한 옥타브 더 높은 도를 만들 수 있다. 피타고라스는 이런 방법으로 열두 가지 음을 구분하는 12음계의 기본 체계를 만들고자 했다.

하지만 여기에는 치명적인 문제가 있다. 앞서 설명했듯, 더 높은 옥타브의 도를 만드는 방법은 크게 두 가지다. 원래 낮은 도를 계속 주파수가 3/2배 더 큰 음으로 바꿔가는 방식, 그리고 주파수가 2배 더 큰 음을 찾아가는 방식이다. 당연히 두 방법 모두 최종적으로 높은 도에 다다르면 정확히 같은 주파수의 음이 만들어져야 한다. 그런데 아무리 몇 바퀴를 돌고 주파수를 계속 높여도 두 방법은 절대 똑같은 음에 도달하지 못한다. 이것을 수학적으로 이렇게 간단히 표현할 수 있다. 주파수를 거듭해서 3/2배씩 n번 높인 것과 주파수를 계속 2배씩 m번 높인 것의 결과로 두 음의 주파수가 같다면 다음과 같은 식이 성립해야 한다.

$$(3/2)^n = 2^m$$

그런데 아무리 시도해봐도 이 식이 성립할 수 있는 n과 m을 절대 찾을 수 없다. 주파수를 3/2배씩 높여서 도달한 높은 옥타브의 도, 그리고 주파수를 2배씩 높여서 도달한 높은 옥타브의 도는 미묘하게 그 주파수가 다르다. 정확히 같은 음이 아니다. 음의 주파수가 계속 조금씩 어긋나버린다. 사실 16세기 전까지만 해도 이런 미묘한 음높이의 차이는 별문제가 되지 않았다. 연주자의 악기도 다채롭지 않았고, 작곡 기법도 지금처럼 화려하지 않았기 때문이다. 그런데 동시에 세 음을 한꺼번에 연주하는 화음 기법이 유행하면서 현실적인 문제로 떠올랐다. 때로는 특정한 화음에서 듣기 거북한 소리가 나오기도 했는데, 마치 늑대가 울부짖는 듯하다고 해서 이를 늑대 5도wolf fifth 화음이라고 불렀다.

그렇다면 이 미묘한 불협화음을 어떻게 해결해야 할까? 이미 피타고라스 체계가 음악에 뿌리 깊이 자리 잡은 상태였기에 송두리째 바꾸기란 어려웠다. 그래서 14세기 르네상스 음악가들은 가장 많이 사용하는 3도 차이 음을 조금씩만 건드리는 식으로 해결책을 찾았다. 설명할 수 없던 화성의 미묘한 움직임을 해결하기 위해 기존 프톨레마이오스 체계를 완전히 바꾸는 대신 태양 위치만 원의 중심에서 살짝 벗어난 지점으로 옮기려고 했던 고대 천문학자들처럼 고대 음악가들도 게으른 해결책을 시도했다.

르네상스 음악가들의 가장 큰 고민은 어떻게 해야 12가지 음계의 주파수를 모두 깔끔하게 똑 떨어지는 간단한 정수 비율로 만들 수 있느냐 하는 것이었다. 기존 피타고라스 체계에서 도, 미, 솔의 주파수 비율은 64 : 81 : 96이다. 굉장히 지저분한 숫자다. 그런데 여기에서 81을 80 정도로 조금만 낮추면 훨씬 깔끔한 비율로 바뀐다. 도, 미, 솔의 주파수 비율이 64 : 80 : 96 = 4 : 5 : 6이 된다. 미의 음색을 원래보다 아주 조금만 낮게 바꾸기로 타협할 수만 있다면 도, 미, 솔, 세 음이 훨씬 매끄럽게 서로 어울리는 비율을 찾게 되는 것이다. 당시 음악가들도 우주를 연구하는 천문학자들 못지않게 간단하고 깔끔한 숫자로 똑 떨어지는 조화에 집착했다. 미묘한 수정을 거쳐 결국 르네상스 음악가들은 기존 피타고라스 음률 체계를 다음과 같이 정리했다.

낮은 도와 한 옥타브 높은 도의 주파수 비율은 1:2다. 완전5도에 해당하는 도와 솔의 주파수 비율은 2:3으로 고정한다. 완전4도에 해당하는 도와 파의 주파수 비율은 3:4로, 장3도에 해당하는 도와 미의 주파수 비율은 4:5로, 단3도에 해당하는 미와 솔의 주파수 비율은 5 : 6으로 고정한다. 이렇게 음의 주파수를 맞추면 흥미로운 사실을 발견할 수 있다. 각 음의 주파수 비율이 모두 n : n +1이 된다. 이렇게 모든 음의 주파수 비율을 깔끔한 정수비로 맞추어 조율하는 방식을 순정률just intonation이라고 한다. 순정률이 등장하면서 한동안 '기괴한 불협화음'이라는 오명을 뒤집어썼던 피타고라스 음계는 안정된 조화를 얻게 됐다.

순정률은 깔끔하게 떨어지는 정수비에 집착한 결과물이다. 그래서 맨처음 어떤 음을 기준으로 다른 음들의 주파수를 맞추는지에 따라 울림이 달라진다. 그만큼 화음을 이루는 방식에 따라 다양한 분위기를 만들 수 있다. 과거에는 음악이 대부분 종교 행사를 위해서만 연주됐다. 그래서 곡 분위기가 거의 비슷했다. 그런데 르네상스 이후로 음악도 교회를 벗어나 세속적으로 변하기 시작했다. 때로는 기쁘거나 슬픈 분위기를 자아내야 했기에 오늘날 우리가 쓰고 있는 조성(하나의 음이나 화음을 중심으로 멜로디와 화성이 일정한 관계를 이루는 체계) 음악으로 진화했다. 그 과정에서 각기 다른 음을 기준으로 만들어지는 조성 각각에 특정한 감정을 연결하려는 시도가 이어졌다. 대표적으로 19세기 독일 시인이자 오르간 연주자인 크리스티안 슈바르트Christian Friedrich Daniel Schubart는 1806년 『음악 예술의 미학에 관한 아이디어Ideen zu einer Aesthetik der Tonkunst』에서 각 조성을 감정으로 정의했다.

예를 들면 이런 식이다. C장조는 완전히 순수하다. 이 조성의 성격은 순수함, 단순함, 어린아이의 대화 같다. C단조는 사랑 고백이자 불행한 사랑의 탄식이다. 이 조성에는 사랑에 빠진 영혼의 모든 갈망, 그리움, 한숨이 담겼다. A장조는 순수한 사랑의 고백, 자신의 상태에 대한 만족, 이별한 연인을 다시 만날 수 있으리라는 희망, 젊은이의 명랑함, 신을 향한 믿음을 표현한다. 그런가 하면 A단조는 경건하고 여성스러우며 부드러운 성격을 나타낸다. 이렇게 사람들은 다양한 감정의 변화를 한 곡에 담아 표현하고 싶어 했다. 그래서 한 곡의 조성을 바꿔가며 진행시키는 더 다양한 기법을 시도했다.

바로 이 지점에서 순정률도 삐걱거리기 시작했다. 순정률은 맨처음 하나의 음을 기준으로 삼아 나머지 음의 주파수를 모두 간단한 정수비로 맞추는 개념이다. 그런데 조성이 바뀌면 기준음이 달라진다. 그러면 나머지 음의 모든 주파수를 다시 처음부터 새롭게 맞춰야 한다. 결국 조성이 바뀔 때마다 잠시 연주를 멈추고 악기를 처음부터 다시 조율한 다음, 연주를 이어가야 한다. 곡 분위기를 전환하기 위해 조성을 바꿀 때마다 불필요한 인터미션을 두어야 하는 셈이다. 분위기 전환은커녕 아예 흥이 깨질 판이다. 전혀 현실적인 대응이 아니다.

그나마 현악기나 관악기는 조금 사정이 나았다. 숙련된 연주자라면 노련하게 줄 길이를 짧게 또는 길게 퉁기면서 새롭게 바뀐 조성에 맞춰 음 주파수를 섬세하게 바꿀 수 있었다. 관악기도 요령

껏 손가락 힘에 변화를 주어 음 주파수를 살짝 조절할 수 있었다. 하지만 이건 초보 연주자가 넘볼 수 없는 굉장히 까다로운 연주법이다. 게다가 피아노는 대책이 없었다. 피아노는 건반마다 어떤 주파수의 음이 나올지 모두 정해진 상태로 무대에 올라간다. 연주자가 건반을 살짝 누른다고 해서 나오는 음의 주파수가 변하는 게 아니다. 순정률은 피아노에서 가장 큰 문제를 일으켰다. 자잘한 수정사항을 추가하면서 어떻게든 고전적인 피타고라스 음악체계의 수명을 연장하고 싶었지만, 서서히 그 한계가 드러나고 있었다.

그러다 결국 음악은 수학에서 답을 찾아냈다. 16세기 이탈리아의 류트 연주자이자 작곡가인 빈센초 갈릴레이Vincenzo Galilei가 다양한 음악 실험을 거친 끝에 해답을 구했다. 류트는 16세기와 17세기에 유럽에서 크게 유행한 현악기로 기타와 비슷하다. 기존 피타고라스 체계는 맨처음 하나의 음을 기준으로 삼아서 일정한 정수비에 맞춰 다른 음을 정하는 방식이었다. 그런데 이렇게 하면 음마다 각기 다른 정수비를 갖기 때문에 인접한 음과의 주파수 비율이 모두 달라졌다. 이 문제를 해결하기 위해 갈릴레이는 한 옥타브의 주파수를 12개로 간격을 동일하게 해서 나누면 훨씬 실용적이라고 주장했다. 그러면 모든 음의 주파수 비율이 동일해서 조성이 바뀔 때마다 새롭게 조율하지 않아도 된다.

갈릴레이의 새로운 제안은 수학적으로 이렇게 표현할 수 있다. 인접한 두 음의 주파수 비율이 a배라고 하자. 동일한 a배 비율로 주파수를 올리면 결국 한 옥타브 높은 음에 도달해야 한다. 한 옥타브 높은 음은 주파수가 2배 크다. 따라서 a를 12번 곱하면 2가 되어야 한다. 어떤 숫자를 12번 곱해야 2가 될는지, 그 어떤 수 a만 찾으면 문제는 간단히 해결된다.

$$a^{12} = 2$$

$$12 \log a = \log 2 \approx 0.301$$

따라서 $\log a = \log 2 \div 12$다. 물론 17세기에는 지금처럼 공학용 계산기 같은 건 없었다. 손으로 하나하나 어림 계산을 했다. 열두 번 곱해서 2가 될 수 있는 숫자 a의 어림값을 구해보면 대략 1.059가 나온다. 실제로는 끝없이 이어지는 무리수다. 피타고라스가 다른 사람 목숨까지 빼앗아가며 절대 인정하려 들지 않았던 바로 그 끔찍한 무리수다! 인접한 모든 음의 진동수 비율을 1:1.509 정도로 고정하면 어떤 음에서 시작하더라도 열두 번 주파수를 높여서 옥타브를 한 바퀴 돌았을 때 항상 처음보다 2배 큰 주파수의 음에 도달하도록 만들 수 있다. 즉, 모든 음의 주파수가 똑같은 평균 비율로 맞춰진다. 갈릴레이가 제안한 이 새로운 음악체계를 평균율equal temperament이라고 한다. 참고로 갈릴레이라는 이 음악가의 이름이 낯설지만은 않을 것이다. 맞다, 평균율을 찾아낸 음악가 빈센초 갈릴레이는 우리가 익히 잘 아는 17세기 이탈리아 천문학자 갈릴레오 갈릴레이Galileo Galilei의 아버지다. 이 갈릴레이 부자의 사례만 봐도 알 수 있듯, 음악과 천문학은 물보다 진한 피로 연결될 만큼 관련성이 아주 깊다.

결국 피타고라스 시대 음악가들이 고집하던 가장 완벽한 수학적 비율은 포기해야 했다. 모든 음의 주파수를 이상적인 주파수 비율에 억지로 끼워 맞출 수는 없었다. 도리어 그런 집착이 조성을 자유롭게 넘나들 수 없게 만들었고, 인간사의 다양한 감정을 한 곡에 담아내는 데 가장 큰 걸림돌이 됐다. 마침내 음악가들은 고대 수학자들에게 물려받은 집착을 벗어던지고 약간의 어긋남을 받아들이는 관용을 베풀었다. 그제야 건반 위를 넘나드는 피아니스트들의 손가락은 단 한 번의 조율만으로 기쁨과 슬픔을 연주하며 자유를 만끽할 수 있게 됐다.

태양을 중심으로 도는 지구와 화성의 궤도도 그렇고, 피아노로 옮기고자 했던 자연의 아름다운 선율도 모두 불완전한 세계였다. 단순한 원과 깔끔한 정수 비율로만 돌아가는 세계는 말 그대로 현실이 아닌 사람들의 꿈속에만 존재하는 이상향일 뿐이었다. 우주가 드러내는 삐걱대고 어긋나는 면모를 오류로 바라보지 않고 우주 본연의 모습으로 받아들이게 됐을 때 비로소 천문학자와 음악가가 모두 평화를 찾았다.

♫ ♫ ♫

피아노는 사실 긴 이름의 줄임말이다. 원래 이름은 훨씬 길다. 애초에는 '셈여림이 있고 사이프러스 나무로 만든 쳄발로un cimbalo di cipresso di piano e forte'였는데 줄여서 피아노포르테pianoforte라고 불렀고, 그것을 다시 줄여서 지금의 피아노가 됐다. 이탈리아어로 '피아노piano'는 '약하게', '포르테forte'는 '강하게'라는 뜻이다. 즉 힘을 조절해서 건반으로 다양한 음을 낼 수 있다는 의미다. 피아노의 원형은 1700년께 이탈리아 피렌체 지역을 주름잡던 메디치 가문에서 악기 제작을 맡았던 바르톨로메오 크리스토포리Bartolomeo cristofori di Francesco 손에서 탄생했다고 전해진다.

피아노라는 새로운 악기가 발명되던 무렵에 바흐는 한창 바이마르에서 궁정 음악가로 활동하고 있었다. 바흐에게도 피아노는 낯설고 믿기 어려운 악기였다. 그때 바흐가 주로 연주한 악기는 쳄발로cembalo와 오르간이었고, 여전히 피아노는 제작에 많은 비용이 드는 사치품이어서 널리 대중화되지 못한 상태였다. 1746년께 바흐는 프로이센의 프리드리히 2세 궁정에서 오르간 제작자인 고트프리트 질버만Gottfried Silbermann이 만든 피아노를 직접 연주하며 시연한 적이 있는데, 특히 높은 음역대에서 소리가 불안정하다고 비판했다.

그런데 이 질버만과의 만남이 바흐에게 깊은 인상을 남겼다.

질버만의 피아노는 기존 순정률이 아닌 평균율로 조율되어 있었다. 아직 몇몇 음역대에서 음이 불안정하게 들리긴 했지만, 바흐는 질버만의 피아노를 시연하면서 평균율을 활용해 기존 건반악기의 고질적 문제 중 하나인 번거로운 조율 문제를 훨씬 간단하게 해결할 가능성을 인식했다. 아울러 훨씬 많은 사람이 음악을 손쉽게 배우고 연습할 만한 새로운 길이 열릴 수 있다고 생각했다. 정확하고 일정한 비율로 조율된 건반이라면 누구나 올바른 음을 연주할 수 있겠구나 하고 말이다.

> "음악을 연주하는 특별한 기술은 없다. 올바른 음을 정확하게 건드리면 악기가 스스로 연주할 뿐이다."
>
> **_요한 제바스티안 바흐**

바흐가 생각하는 평균율의 가장 중요한 매력 하나는 다양한 조성을 자연스럽게 넘나들 수 있다는 것이었다. 이는 기존 바로크 시대 음악가들이 주로 사용하던 순정률로는 절대 구현할 수 없는 장점이었다. 바흐는 평균율의 가능성을 탐구했고, 점점 그 매력에 빠져들었다. 나아가 더 많은 사람이 평균율을 활용해야 한다고 생각했고, 직접 평균율의 매력을 보여줄 수 있는 다양한 곡을 만들었다. 이것이 바로 바흐의 기념비적 작품 중 하나로 손꼽히는《평균율 클라비어 곡집》이다. 제목에 등장하는 클라비어clavier는 피아노가 발명되기 전부터 사용되던 쳄발로와 클라비코드 같은 다양한 건반악기를 통칭하는 단어다.

바흐는 1722년에 《평균율 클라비어 곡집》 1권을, 20년이 지난 1742년에 2권을 작곡했다. 그사이 12음계로 구성된 장조와 단조 그리고 모든 조성을 탐구했다. 《평균율 클라비어 곡집》 각 권에는 모두 24곡이 담겼는데, 작품마다 전주곡과 푸가fuga(하나의 성부聲部가 주제를 나타내면 다른 성부가 그것을 모방하면서 대위법에 따라 좇아가는 악곡 형식)가 한 세트로 구성되어 있다. 바흐는 자신이 할 수 있는 한, 오늘날 서양음악에서 사용하는 모든 조성을 시도하고 탐구했다. 인간의 기쁨과 눈물, 탄식과 웃음, 온갖 감정과 이야기를 건반 위에 올려놓았다. 조성에 따라 곡 분위기가 어떻게 달라지고, 또 어떤 스타일로 작곡해야 하는지를 책 한 권으로 정리했다. 바흐의 《평균율 클라비어 곡집》은 평균율이라는 새로운 체계가 얼마나 아름다운 음악을 빚어낼 수 있는지를 시연하며 평균율의 매력을 알리고자 한 일종의 포트폴리오라고 볼 수 있다. 독일 지휘자 한스 폰 뷜로Hans Guido Freiherr von Bülow는 바흐의 《평균율 클라비어 곡집》을 '음악의 『구약성서』'라고 평가했다. 바흐가 서양음악을 만든 음악의 아버지로 평가받는 이유다.

바로 그래서 바흐의 음악이 인류가 태양계 밖으로 보낸 첫 우주 앨범에 당당히 이름을 올린 것이다. 먼 미래가 되면 결국 태양도 빛을 잃고 최후를 맞이할 것이다. 아마 높은 확률로 그 한참 전에 이미 인류와 지구도 사라진 상태일 테다. 하지만 일찍이 태양계를 벗어난 보이저 탐사선은 떠나온 고향이 사라졌다는 사실도 모른 채 홀로 우주 공간을 떠돌고 있을 것이다. 보이저 골든 레코드에 수록된 바흐의 음악 또한 영원히 남을 테고 말이다. 음악가들은 바흐의 음악을 두고 흔히 이렇게 이야기한다.

> "세상이 멸망하더라도 바흐의 《평균율 클라비어 곡집》만 있으면 모든 음악을 복원할 수 있다."

《평균율 클라비어 곡집》은 단순한 음악 모음집이 아니다. 24가지 조성으로 호모사피엔스의 희로애락을 담은 감정의 타임캡슐이다. 특히 이 곡집에서 절반을 차지하는 푸가는 다양한 감정이 복합적으로 발현되고 뒤섞이는 인간 감정의 입체적 특성을 투영한다. 그래서 흥미롭다. 하나의 선율로 된 성부의 뒤를 따라 비슷하되 조금 다른 성부가 뒤섞인다. 계속 새로운 성부가 하나하나 추가되면서 다층적인 곡이 완성되는 다성음악이다. 일종의 돌림노래라고 볼 수 있다. 조화롭되 그렇지 않은 약간의 어긋남이 곡을 더욱 풍성하게 만든다. 인류도 언젠가 사라질 수밖에 없는 운명이라면, 지구 바깥에 존재할 또 다른 생명체에게 남기는 추억으로 바흐의 《평균율 클라비어 곡집》을 선택한 것은 탁월한 결정이었다.

칼 세이건은 다큐멘터리 시리즈 〈코스모스Cosmos〉에서 우주의 다양한 생명이 공존하는 모습을 푸가에 비유하며 "우주적 푸가의 한 목소리One Voice in the Cosmic Fugue"라고 표현했다. 아쉽게도 우리는 아직 지구 바깥에서 살아 숨 쉬는 생명의 증거를 찾지 못했다. 증거의 부재가 곧 존재를 부정하지는 않지만, 여태 별다른 증거를 찾지 못했다는 슬픈 현실은 우리에게 중요한 질문을 남긴다. 과연 생명 진화의 메커니즘은 단 하나뿐일까? 우주에 살고 있을지도 모를 모든 생명체가 과연 지구에서와 비슷한 과정을 경험할까? 아니면 생명 진화의 메커니즘은 환경에 따라 무궁무진하게 달라질까? 세이건은 누구보다 탈지구적 관점을 주창한 인물이지만, 여전히 지구를 향한 애정과 미련을 깨끗이 버리지는 못했다. 그는 조심스러웠다. 지구 바깥에 있는 다른 행성에서 생명의 역사가 쓰이고 있더라도 그 방식이 지구와 완전히 다르지는 않을 것이라고 생각했다. 지구와 비슷하되 미세하게 다른 역사가 동시에 벌어지고 있으리라고 보았다. 그랬기에 우주에서 살아가는 모든 생명의 역사를 푸가에 비유한 것이다.

♫ ♫ ♫

바흐가 《평균율 클라비어 곡집》 1권을 완성하던 1722년 여름, 독일 라이프치히에 있는 성토마스교회에서 칸토어cantor(음악감독)를 맡고 있던 작곡가 요한 쿠나우Johann Kuhnau가 세상을 떠났다. 라이프치히 당국은 급하게 후임자를 물색했다. 그런데 물망에 오른 두 작곡가가 모두 고사해서 그다음 순위에 있던 바흐가 새로운 칸토어로 부임하게 됐다. 라이프치히로 옮긴 바흐는 엄청난 업무 압박에 시달렸다. 교회음악을 지휘해야 했고, 교회 부속 학교에서 아이들 교육까지 도맡아야 했다.

그 와중에 매주 교회 행사가 끊이지 않고 이어졌다. 바흐는 교회력에 있는 모든 축일에 맞춰 새로운 칸타타를 작곡해야 했다. 거의 매주 한 곡씩, 심할 때는 한 주에 두 곡까지도 뽑아내는 음악 공장이 됐다. 1723년부터 1729년까지 6년이라는 짧지 않은 시간 동안 바흐에게는 작곡 지옥이 이어졌다. 이 기간에 만든 작품 중 지금까지 악보가 남아 있는 곡만 200개에 달한다.

라이프치히에서 일에 치여 지내느라 바흐는 클라비어곡엔 손도 대지 못했다. 그러다 1726년부터 조금 숨쉴 틈이 생겨서 오랫동안 손 놓고 있던 클라비어곡 작업을 재개할 수 있었다. 바흐는 엄청난 일 중독자였다. 교회에서 요구하는 칸타타 작곡 업무가 줄어든 대신, 이제는 거의 해마다 한 권씩 새로운 『클라비어 연습곡집 Clavierübung』을 잇따라 출간하기 시작했다. 악곡을 뽑아내는 음악 공장으로서 바흐의 열정은 멈추지 않았다.

그중 1741년에 출간된 네 번째 『클라비어 연습곡집』에 실린 《아리아와 여러 가지 변주곡Aria mit verschiedenen Veränderungen,

BWV 988》이 굉장히 유명하다. 《골드베르크 변주곡Goldberg Variations》이라는 별칭으로 더 널리 알려진 그 음악이다. 2013년에 개봉한 봉준호 감독의 SF영화 〈설국열차Snowpiercer〉에 등장하기도 했다. 꼬리칸에 있던 빈민층 승객들이 반란을 일으켜 한 칸씩 앞으로 나아가다 호화스럽게 생활하는 앞칸 사람들과 처음 마주하는 순간, 어둠이 걷히고 빛이 쏟아질 때 이 음악의 아리아 부분이 흘러나온다.

전해지는 이야기에 따르면 바흐가 러시아 외교관인 헤르만 카를 폰 카이절링Hermann Karl von Keyserling 백작의 의뢰를 받고 이 음악을 만들었다고 한다. 백작이 심한 불면증에 시달리고 있었기에, 바흐는 편안한 잠자리를 위해 건반으로 느리게 반주를 이어가는 음악을 만들었다. 당시 백작 밑에서 일하던 쳄발로 연주자 요한 고틀리프 골트베르크Johann Gottlieb Goldberg에게 백작이 연주를 맡겼기 때문에 그의 이름을 따서 《골드베르크 변주곡》이라고 불리게 됐다고 한다.

그런데 이 음악을 오늘날 무대 위에서 연주하려면 고민해야 하는 본질적 문제가 있다. 바흐는 피아노가 대중화되기 전부터 활동한 인물이다. 그래서 그의 음악은 피아노가 아닌 쳄발로 같은 고전적인 건반악기를 염두에 두고 만들어졌다. 하지만 지금은 무대 위에서 쳄발로를 거의 볼 수 없다. 애초 피아노가 없던 시절에 만들어진 작품을 피아노로 연주한다면, 결국 바흐가 의도한 당시 음악

피아노가 발명되기 전에 서양음악에서 사용하던
건반악기 쳄발로(하프시코드, 1640, Johannes Ruckers 제작)

을 무대 위에서 재현할 수 없게 된다. 역사 속에 사라진 쳄발로를 무대 위에 다시 올리지 않는 한, 진정한 의미에서 바흐 음악을 복원하기란 불가능하다. 이런 문제가 불거지는 가장 대표적인 작품이 바흐의 《골드베르크 변주곡》이다.

쳄발로는 현대식 피아노와 비교하면 많은 차이가 있다. 우선 검은 건반과 흰 건반의 색깔이 반대다. 또 쳄발로는 건반이 두 단으로 되어 있는데 위쪽 건반의 음색이 여리고 지속 시간도 짧은 반면, 아래쪽 건반은 더 오랜 시간 강하게 음을 낼 수 있다. 같은 음색을 내는 건반이 두 개씩 있는 셈이다. 그래서 바로크 시대 연주자들의 손은 위아래 건반을 바쁘게 돌아다녀야 했다. 그만큼 자칫하면 손이 뒤엉키고 혼란스러웠을 것이다. 오늘날 피아노는 건반이 한 단으로만 깔려 있다. 음 하나를 건반 하나로만 낼 수 있다. 그래서 바흐의 의도를 그대로 살리려면 피아노 건반 하나하나를 누를 때마다 정확하게 세기를 조절하면서 연주해야 한다.

캐나다 출신 피아니스트 글렌 굴드Glenn Herbert Gould는 모두가 바흐 음악을 잘못된 방법으로 연주한다고 생각했다. 이런 그의 불만은 평생을 바쳐 바흐를 깊이 탐구하는 길로 이어졌다. 굴드는 현대식 피아노로 최대한 바흐 음악을 재현하기 위해 건반을 때리는 손가락 힘을 조절하는 데 특히 많은 신경을 썼다. 그리고 건반 하나하나에 힘을 집중해서 강하게 때리는 스타카토staccato 스타일로《골드베르크 변주곡》을 연주했다. 과거에 훨씬 힘이 약하고 음의 지속 시간도 짧았던 쳄발로의 연주 방식을 현대식 피아노로 구현하기 위해 의도한 주법이다. 또한 굴드는 짧게 스타카토로 끝나는 음 사이사이 빈틈을 허락하지 않았다. 그래서 음 하나하나는 빠르게 끝나지만 곡 전체를 들어보면 마치 여러 음이 끊이지 않고 부드럽게 이어지는 레가토legato처럼 들리는 신기한 경험을 하게 된다. 영화 필름을 느리게 돌리면 뚝뚝 끊기지만 빠르게 재생하면 화면이 부드럽게 흘러가는 식이다.

《골드베르크 변주곡》

Glenn Gould _ Youtube

> "만약 내가 여생을 무인도에서 보내야만 한다면, 그리고 그 기간 내내 작곡가 단 한 명의 음악을 듣거나 연주해야 한다면 그는 아마도 틀림없이 바흐일 것이다."
>
> **_ 글렌 굴드**

굴드는 무대에선 거의 연주를 하지 않았다. 1964년 4월 10일 미국 로스앤젤레스에서 펼친 공연을 마지막으로 더는 공개 콘서트를 열지 않겠다고 선언했다. 불과 서른두 살의 젊은 나이에 공연자로서 은퇴를 선언한 것이다. 이후 그의 연주는 대부분 스튜디오에서 진행됐다. 굴드는 관객이 있으면 오히려 음악을 완성하는 데 방해가 되기에 아무런 방해 요소가 없는 고독한 스튜디오에서만 가장 온전하게 음악을 완성할 수 있다고 생각했다.

굴드가 바흐 음악을 가장 완벽하게 재현한 피아니스트로 남을 수 있었던 이유 중 하나는 그 역시 바흐 못지않은 외골수였기 때문이 아닐까. 지금껏 굴드는 300년이 지나서야 바흐 음악을 가장 원형에 가깝게 되살리는 데 성공한 진정한 바흐 부활자로 평가받고 있다. 굴드의 탐구 덕분에 이상적이고 완벽한 하모니를 꿈꾼 바흐의 집착이 오늘날 우리에게 온전한 형태로 전해지게 됐다.

♬ ♬ ♬

우주가 음악적 하모니로 작동한다는 믿음은 피타고라스에서 시작해 케플러에게로 이어졌다. 프라하에서 브라헤의 관측 데이터를 탐내며 연구에 몰두하기 이전인 젊은 시절부터 케플러는 지구 밤 하늘 행성들의 움직임 속에서 음악적 하모니를 찾고자 노력했다. 그 때껏 사람들이 알고 있던 태양계 가장 마지막 행성은 토성이었다. 맨눈으로 볼 수 있는 행성은 수성, 금성, 발 아래 지구 그리고 화성, 목성, 토성뿐이다. 수학적 아름다움에 집착한 케플러는 조물주가 왜 굳이 지구를 제외한 행성을 하늘에 딱 다섯 개만 만들었을까 고민했다. 케플러가 보기에는 천상에 떠 있는 행성이 네 개도 아니고 여섯 개도 아니고 딱 다섯 개인 건 결코 우연이 아니었다. 필시 조물주의 수학적이고 아름다운 원리가 반영된 결과라고 생각했다. 물론 오늘날 우리는 토성 너머에 있는 천왕성과 해왕성을 알고 있다. 심지어 일부 천문학자는 명왕성보다 더 먼 거리에 또 다른 아홉 번째 행성이 숨어 있을 가능성까지 고민한다. 천상에 있는 행성은 이제 다섯 개만이 아니다. 지금 관점에서 보면 비록 잘못된 질문을 던졌지만, 케플러는 가장 아름다운 우주의 모습을 찾아냈다.

케플러는 플라톤Plato 철학에서 단서를 얻었다. 플라톤은 모든 변의 길이가 같고, 같은 모양의 면으로 이루어진 정다면체를 연구했다. 자신의 저서 『티마이오스Timaeus』에서 정다면체가 우주에 딱 다섯 가지만 존재한다고 이야기했다. 수학적으로 정사면체, 정팔면체, 정육면체, 정십이면체 그리고 정이십면체만 가능하다. 그래서 이 다섯 가지 입체도형을 '플라톤의 다면체Platonic sloid'라고 한다. 한편 플라톤은 우주의 모든 것이 흙·불·공기·물 이 단 네 가지 재료로 이루어졌다고 주장한 엠페도클레스Empedokles의 '4원소설'을 적극 받아들였다. 플라톤은 각기 다른 다섯 가지 정다면체가 상징하는 원소가 있다고 생각했다. 예를 들어 정삼각형 네 개로 이루어진 정사면체는 모서리가 날카롭기 때문에 뜨겁게 타오르는 불을 상징한다. 정사각형 여섯 개로 이루어진 정육면체는 안정적이고 균형이 잡혔기 때문에 흙의 단단함과 안정감을 보여준다. 정삼각형 여덟 개로 이루어진 정팔면체는 가볍고 부드러운 공기를 나타내며, 정삼각형 스무 개로 이루어진 정이십면체는 매끄럽고 유동적인 물을 가리킨다. 또한 플라톤은 정삼각형도 정사각형도 아닌 정오각형이 열두 개 모여서 만든 정십이면체가 지상을 초월하는 가장 신비롭고 신성한 우주 전체를 상징한다고 여겼다.

플라톤이 우주에 존재할 수 있다고 이야기한 정다면체의 수는 다섯 개뿐이다. 마침 케플러가 밤하늘을 보며 고민하는 행성 수도 딱 다섯 개다. 케플러는 정다면체가 제각기 특정한 기본 원소를 가리키듯, 행성 각각을 상징한다고 생각했다. 전혀 상관없어 보이는 두 숫자였지만, 수학에 집착한 케플러는 무리하게 이 두 가지를 연결 지으려고 했다.

1596년 자신의 첫 작품인 『우주의 신비Mysterium Cosmographicum』에서 그렇게 플라톤 세계관을 태양계 행성들에 접목한 결과물을 선보였다. 그때는 아직 젊은 케플러가 브라헤의 화성 관측 데이터를 만나기 전이었다. 그래서 케플러도 모든 행성이 태양을 중심으로 완벽한 원궤도를 그릴 것이라고 생각했다. 아울러 각 행성의 궤도가 태양을 중심으로 이렇게 정해진다고 보았다. 우선 가장 바깥에서 토성이 가장 큰 원궤도를 그린다. 토성이 만드는 원 안에 정확히 쏙 들어오는 정육면체를 그린다. 다시 그 정육면체 안에 쏙 들어오는 조금 더 작은 원을 그린다. 이것이 목성 궤도다. 다시 목성이 만드는 원 안에 쏙 들어오는 정사면체를 그리고, 그 정사면체 안에 쏙 들어오는 원을 그린다. 이것이 화성 궤도다. 이런 식으로 밖에서 안으로 들어가면서 각 행성이 그리는 원궤도 안팎에 정육면체, 정사면체, 정십이면체, 정이십면체, 정팔면체가 내접과 외접 하면서 행성들의 궤도가 기하학적 조화를 이룬다고 케플러는 생각했다. 조물주가 만든 우주의 미적 원리가 바로 이것이라고 말이다.

어릴 적 가세가 기운 탓에 젊은 시절 케플러는 어려운 환경

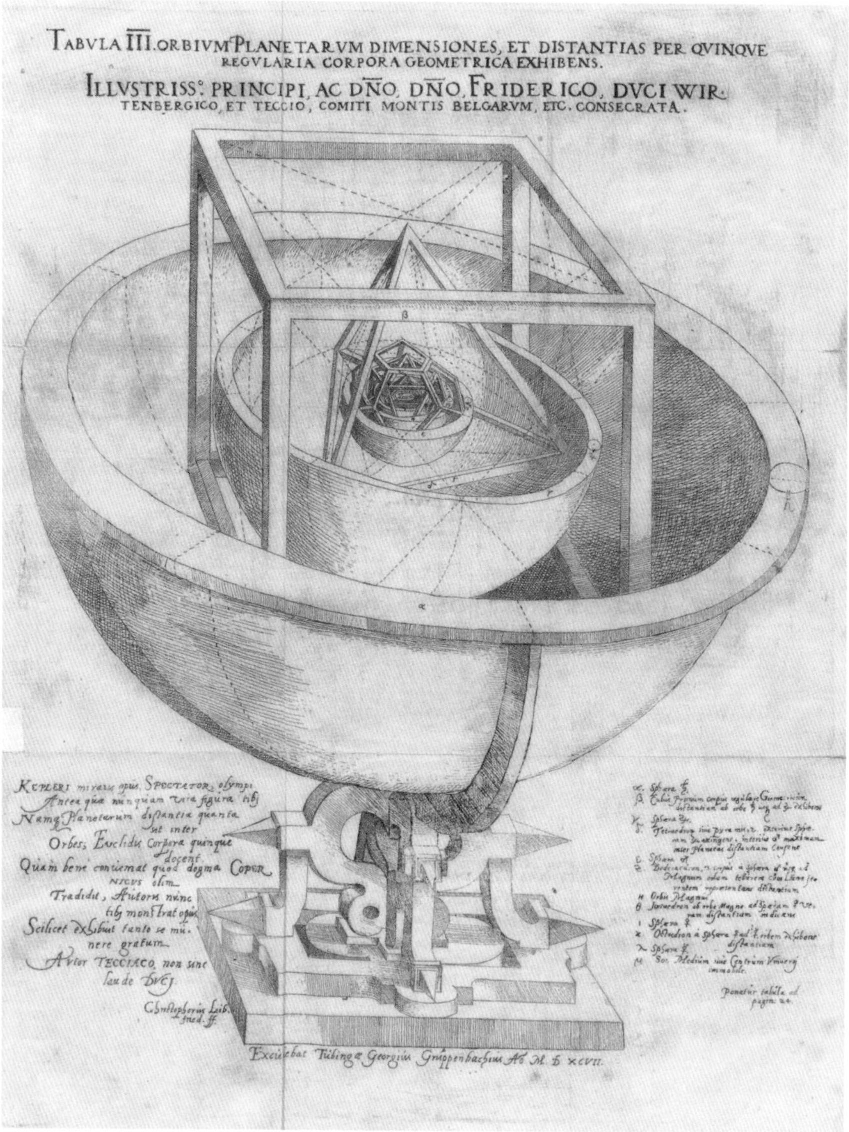

케플러가 묘사한 태양계 행성의 궤도

(1660, 케플러, 『우주의 신비』 중)

속에서 연구해야 했다. 연구비를 벌려고 흥미로운 시도를 하기도 했다. 케플러는 자신이 만든 정다면체 우주 모델이야말로 가장 완벽하게 우주의 조화를 보여주는 역작이라고 여겼다. 하지만 너무 복잡했고 이해하기 어려웠다. 시각적으로 자신의 생각을 보여줄 수 있는 무언가가 필요했다. 그래서 자신의 우주 모델을 본떠 술잔을 만든 다음 귀족들에게 그 연구를 소개하며 술잔을 팔았다. 지금으로 치면 연구비를 벌려고 굿즈를 만들어서 크라우드 펀딩을 한 셈이다. 그의 작품은 수학적 우주의 조화에 대한 집착과 르네상스 시대의 정신을 오롯이 반영한다. 그나저나 설거지하기 무척 어려운 술잔이었을 것이다.

브라헤를 만나고 행성들의 궤도가 마냥 완벽한 원이 아니라는 사실을 알게 된 케플러는 이번에는 조각이 아닌 미술과 천문학을 융합하고자 시도했다. 그는 우주가 음악적 조화를 이룬다는 이야기를 단순한 비유로 받아들이지 않았다. 실제로 각 행성이 우주에서 고유한 음을 연주한다고 여겼다. 그래서 우주에 나가 소리를 들을 수 있다면 조물주가 행성을 연주해서 울려 퍼지는 우주의 하모니를 감상할 수 있다고 생각했다. 케플러는 자신이 발견한 행성 궤도 각각의 특징을 반영해 거기에 음을 부여한 다음 악보에 옮길 수만 있다면 우주의 하모니를 직접 연주할 수 있다고도 믿었다.

우선 각 행성이 그리는 궤도의 크기에 따라 조금씩 다른 음역대를 연결했다. 각 행성이 그리는 궤도 크기의 비율이 모노코드

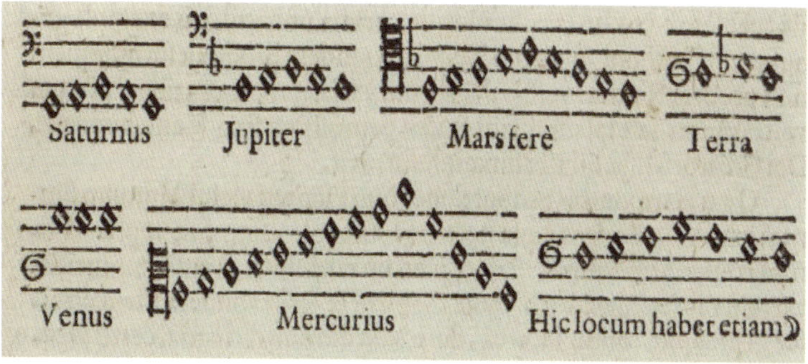

태양계 행성과 달의 움직임을 음악으로 옮긴 케플러의 악보
(1619, 케플러, 『세계의 조화』 중)

에 연결된 선 길이의 비율과 조화를 이룬다고 보았기 때문이다. 가장 바깥에서 가장 느리게 움직이는 토성은 가장 길이가 긴 선을 퉁겼을 때 나는 낮은 음을 연주한다. 태양계 안쪽으로 올수록 행성들은 더 높은 주파수의 음을 연주한다. 그다음 행성의 타원 궤도가 찌그러진 비율, 즉 이심률eccentricity에 따라 음 높낮이에 변화를 주었다. 예를 들어 태양계 가장 안쪽에서 가장 불규칙하고 심하게 찌그러진 타원을 그리는 수성은 가장 높은 음역대에서 극단적으로 음 높낮이가 변한다. 금성은 완벽한 원에 가까운 궤도를 그리기에 가장 조화롭고 안정된 음을 일정하게 연주한다. 미의 여신 비너스Venus의 행성이어서 부드럽고 우아한 선율로 표현했다. 지구는 미와 파 사이에서 음이 오르내린다고 간주했는데, 이는 고통과 희망 사이를 오르내리는 인간의 감정을 상징한다. 살짝 찌그러진 타원

궤도를 그리는 화성은 전쟁의 신에 걸맞게 강렬하고 남성적인 음색으로, 행성의 왕을 상징하며 천천히 움직이는 목성은 낮고 깊은 음색으로 표현했다. 토성은 가장 바깥에서 가장 느리게 움직이기에 가장 장엄하고 무거운 음색을 주었다.

케플러는 자신의 작품에 '세계의 조화Harmonice Mundi'라는 아주 거창한 제목을 붙였다. 각기 다른 정다면체를 상징하는 행성들의 성부가 어우러지며 만들어내는 밤하늘의 푸가를 상상한 것이다. 우주 본연의 모습을 인간의 악보 위에 그대로 옮기고자 시도한 우주의 음악가인 셈이다. 어쩌면 역사상 가장 아름답게 우주를 느낀 인물이 아닐까. 매일 천천히 밤하늘을 흘러가는 행성과 별의 움직임을 바라보며 함께 연주되는 우주의 선율을 흥얼거렸을 테니 말이다.

♫ ♫ ♫

우주에서 조화를 찾고자 한 케플러의 열망은 단순히 악보 위 습작으로만 머물지 않았다. 케플러는 기어코 실제 행성들의 움직임을 지배하는 아름다운 수학적 조화를 발견했다. 태양에서 멀리 떨어진 행성일수록 더 긴 주기로 천천히 움직인다는 사실을 간파하고, 그 움직임 속에 어떤 규칙이 숨어 있으리라 짐작했다.

그때만 해도 태양과 지구의 정확한 거리를 우리에게 익숙한

km 단위로 파악하기란 불가능했다. 우주의 실제 크기가 얼마나 되는지 알기가 어려웠던 것이다. 대신 지구 밤하늘에서 태양을 기준으로 여러 행성이 어떻게 움직이는지 그 상대적인 위치 변화를 보고 다른 행성까지의 거리가 지구 공전궤도에 비해 몇 배 길고 짧은지는 파악할 수 있었다. 예를 들면 이런 식이다. 간단한 비교를 위해 태양과 지구의 평균 거리를 1이라고 하자. 그러면 태양에 더 바짝 붙어 있는 금성은 태양으로부터 0.723 정도 거리를 두고 떨어져 있다. 반면 지구보다 더 바깥에서 궤도를 도는 화성은 그 거리가 1.524 정도다. 한편 지구가 궤도를 한 바퀴 도는 데 걸리는 주기는 1년이다. 금성과 화성에서 1년은 지구 시간으로 계산하면 각각 0.615년과 1.881년이다.

케플러는 하나하나 손으로 계산하면서 각 행성이 그리는 궤도의 크기와 공전주기 사이에 어떤 수학적 조화가 숨어 있는지를 찾았다. 수없이 시도한 끝에 각 행성 공전주기를 두 번 곱하면 궤도 반지름을 세 번 곱한 것과 같은 숫자가 나온다는 사실을 발견했다.

우선 가장 간단한 지구부터 보자. 지구 공전주기인 1년을 두 번 곱하면 1이고, 궤도 반지름인 1을 세 번 곱해도 1이다. 금성은 어떨까? 금성 공전주기인 0.615년을 두 번 곱하면 $0.615 \times 0.615 \approx 0.378$ 정도가 나온다. 금성의 궤도 반지름인 0.723을 세 번 곱하면 마찬가지로 $0.723 \times 0.723 \times 0.723 \approx 0.378$ 정도가 나온다. 화성도 그렇다. 화성 공전주기인 1.881년을 두 번 곱하면 $1.881 \times 1.881 \approx$

3.539 정도가 되는데, 화성의 궤도 반지름인 1.524를 세 번 곱해도 1.524×1.524×1.524≈3.539 정도가 나온다. 이처럼 케플러는 태양 주변을 맴도는 행성들의 공전주기를 제곱한 수치와 궤도 반지름을 세제곱한 결과가 정확히 일치한다는 사실을 발견했다. 그는 바로 이것이 조물주가 우주를 창조한 수학적 조화라고 생각했고, 이 관계를 '조화의 법칙Law of harmonies'이라 부르며 찬양했다.

행성들이 이런 놀라운 조화를 따르는 이유는 모두가 태양이라는 한 별의 중력에 붙잡혀 궤도를 돌기 때문이다. 중력은 거리가 멀어지면 거리의 제곱에 반비례해서 약해진다. 태양으로부터 멀어져 중력이 약해지면 그만큼 궤도를 도는 속도가 느려진다. 게다가 태양으로부터 멀리 벗어난 만큼 궤도의 크기도 더 커진다. 태양을 한 바퀴 도는 데 더 오랜 시간이 걸리기 때문에 공전주기가 더 길어진다. 태양계 모든 행성의 공전주기를 제곱한 수치와 궤도 반지름을 세제곱한 결과가 정확히 같은 비율로 비례하는 이유는 모두 동일한 태양 중력의 지배를 받고 있기 때문이다.

중력이 거리의 제곱에 반비례해서 약해지는 방식으로 작동한다는 사실은 이후 아이작 뉴턴Sir Isaac Newton이 발견했다. 그는 케플러가 발견한 행성들의 조화로운 움직임이 왜 나타날 수밖에 없는지를 수학적으로 명쾌하게 증명했다. 하지만 케플러가 살던 시대는 아직 중력 개념이 정확히 자리를 잡지 못했던 시절이다. 케플러는 앞에 놓인 숫자들 속에서 다양한 시도 끝에 우연히 절묘한 수학적 관계를 발견한 것이다. 수 자체에 몰두하다가 마침내 찾아낸 일종의 경험법칙이라고 할 수 있다.

케플러가 발견한 조화의 법칙은 결국 행성들의 움직임에 군림하는 태양 중력의 권위를 대변한다. 태양 중력의 세기는 태양의 질량으로 결정된다. 태양이 더 무겁고 더 강한 중력으로 주변 행성을 거느린다면 행성들은 같은 궤도에서 더 빠른 속도로 돌아야 한다. 더 빠르게 궤도를 완주할수록 행성들의 공전주기는 그만큼 짧아질 것이다. 즉, 케플러의 조화의 법칙을 활용하면 태양이 주변 행성들에 가하는 중력의 세기를 알 수 있고, 태양의 질량도 잴 수 있다.

당연히 태양이 워낙 거대해서 지구에 있는 저울 위에 올릴 수 없다. 하지만 케플러가 발견한 조화의 법칙 하나만 있으면 아주 간편하게 태양의 질량을 알 수 있다. 조화의 법칙은 태양계 바깥에도 그대로 적용된다. 우주가 모두 동일한 중력의 지배를 받고 있기에 그렇다. 지금도 천문학자들은 태양계 바깥에서 또 다른 행성을 붙잡고 있는 별들의 질량, 또 그 별들을 붙잡고 있는 은하 전체의 질량을 잴 때도 이 조화의 법칙을 활용한다. 케플러 덕분에 우리는 직접 가 닿을 수도, 저울 위에 올릴 수도 없는 거대한 우주의 질량을 잴 수 있다. 케플러는 우주를 저울 위에 올린 천문학자라 할 만하다.

♫ ♫ ♫

케플러가 남긴 천문학적 유훈은 21세기가 된 오늘날까지도 활용되고 있다. 아니, 가장 활발하게 쓰인다고 해야 올바른 표현일 것이다. 2009년 3월 7일 미국 플로리다에 위치한 케이프 커내버럴에서 높이 38m에 달하는 거대한 델타II DeltaII 로켓이 힘차게 지구를 박차고 우주로 향했다. 로켓 꼭대기에는 길이가 5m보다 살짝 짧고 원기둥 모양인 우주망원경이 실렸다. 천문학자들은 이 역사적인 우주망원경에 천문학자 케플러의 이름을 붙였다. 케플러 우주망원경 Kepler Space Telescope은 다른 기존 망원경들과 확연히 다른 임무를 띠고 있었다. 단순히 별을 찾는 일이 아니었다. 바로 태양계 바깥에 있는 다른 별 주변을 맴도는 외계행성을 찾는 것이 목표였다.

'우주에는 우리뿐일까?' 이 문장은 인류가 고개를 들어 밤하늘을 보기 시작한 후로 지금까지 이어지는 가장 근본적이고 위대한 질문이다. 그리고 아직 답을 찾지 못한 물음이기도 하다. 천문학자들은 대부분 지구가 아닌 다른 곳에도 높은 확률로 외계 생명체가 존재하리라고 기대한다. 정말로 그렇다면 우리가 지구에서 살아가듯 그들도 그들만의 고향 행성을 터전으로 삼고 있을 것이다. 외계 생명체의 존재 가능성이라는 질문을 더욱 현실적이고 과학적으로 바꾸려면 우선 그들이 살 법한 외계행성부터 찾아야 한다.

이는 매우 어려운 도전이다. 행성은 별과 달리 스스로 밝게 빛나지 않는다. 게다가 훨씬 밝게 빛나는 별빛에 파묻혀 사진만으로는 찾기 어렵다. 얼핏 생각하기에 좋은 망원경과 카메라만 있으면 아무 데나 사진을 찍어서 외계행성을 찾을 만도 하지만, 실제로는 전혀 그렇지 않다. 단순히 망원경으로 사진을 찍어서 그 안에 숨어 있는 외계행성을 찾는 방식인 이른바 다이렉트 이미징direct imaging은 천문학자들이 가장 기피하는 방법이다. 이보다 더 효율적이고 영리한 전략이 필요하다. 오로지 사진만 봐서는 눈부시게 빛나는 별 바로 옆에 숨어 있는 희미한 외계행성의 존재를 알아채기가 까다롭기 때문이다.

우리가 찾아야 하는 건 별 주변을 도는 외계행성이다. 태양 곁에서 지구가 돌며 따스한 햇빛을 받아 생명이 살아가듯, 중심에 별을 두고 적당한 거리로 떨어져 주변 궤도를 맴도는 외계행성을 찾아야 한다. 외계행성이 궤도를 돌면 주기적으로 별 앞을 가리고 지나간다. 거리가 멀리 떨어진 지구에서 그 모습을 보면 일정한 간격을 두고 중심 별빛이 미세하게 어두워졌다가 다시 원래 밝기로 돌아오는 현상을 포착할 수 있다. 이렇게 외계행성이 일으키는 일식현상을 트랜싯transit이라고 한다. 주기적으로 미세하게 별의 밝기가 감소하는 현상을 포착한다면 그 주변에 있는 무언가 작은 외계행성이 규칙적으로 별 앞을 가리고 지나간다고 추정할 수 있다.

하지만 우리가 궁극에 알고 싶은 것은 단순히 행성이 있는지 없는지가 아니다. 그곳에 생명체가 살고 있는지, 곧 외계 생명체의 존재 여부다. 이것을 판가름하는 가장 중요한 기준이 외계행성의 온도다. 외계행성이 중심 별에 너무 가까이 붙어 있으면 지나치게 많은 별빛이 비춰 메마른 사막 지옥이 될 것이다. 반대로 너무 멀리 벗어나버리면 물이 죄다 얼어붙은 얼음 행성이 될 것이다. 따라서 중심 별에서 너무 가깝지도 멀지도 않게 중간 정도 적당한 거리를 두고 떨어져 있어야 한다. 생명체가 살 수 있는 적정 거리 구간은 중심 별 주변에 도넛 형태로 정의된다. 이 구간을 '생명 거주 가능 구역habitable zone' 또는 '골디락스 존goldilocks zone'이라고 한다.

발견한 외계행성이 별 주변의 골디락스 존에 들어오는지 여부를 확인하려면 그 외계행성이 중심 별에서 얼마나 멀리 떨어져 있는지, 곧 중심 별과 외계행성 사이 거리를 알아야 한다. 다시 말해 외계행성이 그리는 궤도의 크기와 반지름을 구해야 한다. 바로 이 과정에서 오래전 천문학자 케플러가 발견한 '세계의 조화'가 활용된다. 중력은 태양계에서나 외계행성에서나 똑같이 작용한다. 태양 중력에 수성부터 해왕성까지 태양계 행성이 모두 붙잡혀 움직이듯, 다른 별도 자신의 중력으로 주변 행성들의 움직임을 지배한다. 케플러는 행성이 궤도를 한 바퀴 도는 데 걸리는 주기와 궤도 반지름이 절묘한 수학적 조화를 이룬다는 사실을 보여주었다. 따라서 행성 공전주기만 알면 간단하게 그 공전궤도의 반지름을 알 수 있다.

별빛 밝기의 변화는 중심 별 앞을 외계행성 그림자가 얼마나 자주 가리고 지나가는지를 보여준다. 인접한 두 번의 트랜싯이 시간 간격을 얼마나 두고 반복되는지를 파악하면 그 값이 곧 외계행성이 궤도를 한 바퀴 도는 데 걸리는 주기가 된다. 이제 남은 건 하나다. 이렇게 구한 외계행성 공전주기를 케플러의 조화의 법칙에 대입하면 된다. 그러면 간단하게 외계행성이 그리는 공전궤도의 반지름이 나온다. 외계행성의 궤도가 중심 별 주변에서 생명이 허락되는 도넛 모양 구간 안에 들어오는지만 확인하면 그곳에서 또 다른 생명체를 기대할 만한지 판단할 수 있다.

천문학자 케플러가 활동하던 시절에 인류가 아는 우주는 태양계가 전부였다. 외계 생명체를 상상하기는커녕 밤하늘을 수놓는 수많은 별이 태양계에서 얼마나 멀리 떨어져 있는지조차 알지 못했다. 그로부터 불과 400년 만에 인류는 태양계 너머 다양한 생명이 공존하는 우주의 모습을 상상하게 됐다. 아쉽게도 케플러 우주망원경은 연료가 모두 고갈되어 2018년에 임무를 끝냈다. 하지만 그 뒤를 이어 새로운 우주망원경이 속속 올라갔고, 케플러 우주망원경이 입증한 외계행성 사냥법은 오늘날 가장 널리 쓰이고 있다. 먼 미래 언젠가 보이저 골든 레코드에 수록된 바흐 음악이 외계 생명체에게 전달되어 답장을 받게 된다면 우리는 다시 한번 케플러에게 큰 빚을 지는 셈이다.

♫ ♫ ♫

우주 무게만큼이나 바흐 음악은 묵직하게 느껴진다. 바흐가 장엄하고 신성한 분위기를 요구하는 궁정 교회에서 대부분의 음악 활동을 했기 때문일 것이다. 그의 작품은 깊은 신앙적 메시지를 담고 있다. 또한 경건하되 환희에 찬 분위기의 곡이 많다. 1734년 라이프치히에서 크리스마스 기간에 교회 예배를 위해 연주하려고 작곡한《크리스마스 오라토리오Christmas Oratorio, BWV 248》가 대표적이다. 총 6부로 된 작품인데, 예수 탄생에서 시작해 목자들의 경배, 동방박사들의 방문에 이르기까지 예수 탄생을 둘러싼 다채로운 이야기를 순서대로 풀어낸다. 곡의 첫머리에 등장하는 칸타타 〈환호하라, 기뻐하라! 이날을 찬양하라Jauchzet, frohlocket! Auf, preiset die Tage〉는 크리스마스의 기쁨과 찬양을 극적으로 드러낸다.

케플러도 바흐 못지않은 독실한 기독교 신자였다. 그래서 특히 『신약성서』의 「마태복음」에 등장하는 예수 탄생을 둘러싼 중요한 천문학적 사건 중 하나인 '베들레헴의 별Star of Bethlehem'의 정체를 오랫동안 탐구했다. 『신약성서』에 따르면 동방박사들이 동쪽 하늘에서 밝게 빛나는 별을 따라 베들레헴에 와서 아기 예수를 영접했다고 한다. 베들레헴의 별은 '크리스마스의 별Christmas star'이라고도 불린다. 크리스마스트리 맨 위에 별을 꽂는 이유가 바로 이 베들레헴의 별을 기리기 위해서라는 이야기가 있다.

"유대인의 왕으로 나신 분이 어디 계십니까? 우리는 동방에서 그분의 별을 보고 그분에게 경배하러 왔습니다."

_「마태복음」2:2

케플러가 베들레헴의 별에 관심을 기울이게 된 중요한 사건이 있었다. 1604년 10월 즈음, 전갈자리와 뱀주인자리 사이에서 멋진 광경이 펼쳐지고 있었다. 밤하늘에서 맨눈으로 볼 수 있는 가장 또렷한 행성인 목성, 토성 그리고 화성까지 무려 세 개가 비슷한 방향에 모여 서로 겹쳐 보였다. 그래서 많은 사람이 매일 밤마다 세 행성이 모인 광경을 유심히 바라보았다. 그런데 또 한번 극적인 우연이 일어났다. 세 행성이 모인 자리 부근에서 밝은 초신성이 폭발한 것이다. 안 그래도 세 행성 때문에 관심이 집중되던 참이어서, 초신성은 아주 많은 사람들에게 포착됐다. 이 초신성이 케플러에게도 큰 영감을 주었다.

케플러는 문득 이런 생각이 들었다. 밤하늘에서 주요한 행성들이 비슷한 방향에 모일 때마다 하늘에서 신비로운 일이 벌어지는 건 아닐까? 예수가 탄생한 무렵에도 동쪽 하늘에서 행성들이 한자리에 모였고, 그 기운이 뭉쳐 그때도 눈부신 별이 반짝! 하고 나타난 건 아닐까? 누구보다도 태양계 행성들의 움직임을 잘 아는 케플러는 철저히 계산해나가며 예수가 탄생한 무렵에 행성 여러 개

1604년에 케플러가 목격한 초신성이 성도에 표현되어 있다.
뱀주인자리 발꿈치에 알파벳 N으로 표시된 별이다.
(1606, 케플러, 『뱀주인자리 발 부분의 신성De Stella Nova in Pede Serpentarii』 중)

가 비슷한 방향에서 보인 적이 있는지를 추적했다. 그리고 기원전 7년에서 5년 사이에 동쪽 하늘에 걸려 있던 물고기자리 방향에서 목성과 토성이 아주 가깝게 만난 일이 있다는 사실을 확인했다. 이 만남이 그때도 신비로운 일을 일으켰을 것이라고 생각한 케플러는 새롭게 등장한 그 별빛이 동방박사들의 눈길을 사로잡았고, 마침내 그들을 베들레헴으로 이끌었을 것이라고 추정했다.

고대 점성술에 따르면 가장 덩치가 큰 행성인 목성은 유피테르Jupiter, 곧 왕과 영웅을 상징한다. 목성보다 더 멀리 떨어진 토성은 사투르누스Saturnus라 불리며, 유피테르의 아버지 또는 유대인들의 수호자를 상징한다. 따라서 점성학상 목성과 토성의 마주침은 영웅 내지 왕과 유대인의 수호자가 만난 사건으로 읽혀, 유대인을 이끄는 위대한 인물의 탄생을 암시하는 상징으로 해석될 만했다. 게다가 두 행성은 기독교 문화에서 중요한 요소인 물고기를 상징하는 물고기자리에서 만났다. 이는 종교적 의미로도 해석될 수 있었다. 물론 태양계 안에서 우연히도 두 행성이 비슷한 방향에서 보인다고 난데없이 태양계 바깥으로 멀리 벗어난 우주 공간에서 새로운 별이 터질 리는 없다. 지금 관점에서 보면 당시 케플러의 생각은 잘못된 기대와 추측으로 가득하다. 다만 한 가지, 기원전 7년에서 5년 사이에 목성과 토성이 비슷한 방향에서 만난 일이 있다는 케플러의 계산만큼은 아주 정확했다. 케플러는 1000년이 넘는 먼 과거의 밤하늘까지 추억할 수 있을 정도로 우주를 가장 정확하게 바라보는 수학자이자 점성술사였다.

목성은 11년 10개월에 한 번씩 태양 주변을 돈다. 토성은 그에 비해 2.5배 더 긴 29년 5개월을 주기로 태양 주변을 돈다. 그래서 목성이 대략 다섯 바퀴를 공전하는 동안 토성은 두 바퀴를 돈다. 목성이 더 안쪽 궤도를 토성보다 2.5배 더 빠른 속도로 도는 것이다. 목성이 바깥에서 천천히 움직이는 토성을 앞지를 때마다 지구 하늘에서는 목성과 토성이 거의 비슷한 방향에서 겹쳐 보이는 근접 현상을 볼 수 있다. 태양계에서 첫 번째와 두 번째로 크고 밝은 두 행성인 목성과 토성의 근접 현상은 절대 놓칠 수 없는 장관으로, 대략 20년에 한 번씩 찾아오는 이벤트다.

목성과 토성은 지구로부터 수억km 떨어져 있다. 그래서 얼핏 생각하면 우리와 전혀 상관없는 존재처럼 느껴진다. 하지만 그렇지 않다. 목성과 토성은 이미 오래전부터 우리에게 다양한 방식으로 영향을 끼치고 있다. 수십억 년 전 갓 탄생한 어린 태양계 외곽에는 크고 작은 얼음 부스러기가 떠돌았다. 육중한 목성과 토성의 중력이 외곽에 있는 이 얼음 부스러기들의 궤도를 꾸준히 흐트렸고, 그러다 보니 얼음 부스러기가 하나둘 태양계 안쪽으로 쏟아졌다. 그중 일부는 어린 지구를 향해 떨어졌다. 지구에 추락한 소행성과 혜성에 얼어붙어 있던 물이 조금씩 지구로 전해졌고, 오늘날 지구 면적의 70%를 차지하는 거대하고 푸른 바다가 그렇게 채워졌다.

2000년 전 고대인의 밤하늘에서 성사된 목성과 토성의 만남은 우연히 한 위대한 인물의 탄생을 암시하는 상징으로 해석됐을지도 모른다. 그리고 21세기인 오늘날까지 인류 문화에 가장 큰 영향을 끼치는 종교를 탄생시켰다. 그로부터 다시 2000년이 흐른 지금, 인류는 우연히도 비슷한 방향에 놓여 태양 주변을 맴돌던 목성과 토성, 이 두 거대한 행성의 중력을 활용해서 탐사선 속도를 높이는 항법에 적용했다. 덕분에 이전까지 한 번도 다다른 적 없던 태양계 외곽, 진정한 별과 별 사이 인터스텔라interstellar 우주를 향해 인류의 추억이 담긴 탐사선을 떠나보낼 수 있었다. 그리고 그 안에는 바흐 음악이 담긴 골든 레코드가 함께한다.

변주Variation

매끄러운 달을 배신한 몽환의 소나타

갈릴레이

드뷔시

2

갈릴레오 갈릴레이(1640년경, Justus Sustermans)
클로드 드뷔시(1908, Otto Wegener)

루나틱lunatic, '미치광이' 또는 '정신이 이상한 사람'을 지칭하는 이 단어는 달을 의미하는 루나luna에서 기원했다. 오래전부터 인류는 달빛이 사람의 정신건강에 해로운 영향을 끼친다고 여겼다. 19세기까지만 해도 정신질환을 예방하는 차원에서 달을 오래 바라보거나 손가락으로 달을 가리키는 행동을 금지했다. 정신질환 환자를 치료하려고 달빛이 들어오지 않는 밀폐된 방 안에 가두는 처방을 내리기도 했다. 이처럼 달이 사람의 건강에 영향을 준다는 이야기는 오래전부터 있어왔다. 16세기 말까지 중세 의사들은 사람 몸이 대부분 물, 곧 수분으로 채워져 있기 때문에 마치 달 중력에 이끌려 바닷물이 밀물과 썰물을 겪듯 달 주기에 맞춰 생체리듬이 영향을 받는다고 생각했다. 심지어 달 주기에 맞춰 수술 날짜를 잡을 정도였다.

달빛에는 묘한 힘이 있다. 수십만 년 전 호모사피엔스가 두 발로 땅을 딛고 서기 시작했을 때부터 달빛은 우리 고개를 들어 올렸다. 밤하늘을 비추는 달은 환하게 낮을 밝히는 태양과 대비된다. 자연스럽게 지구의 거의 모든 문화권에서 태양과 달, 이 두 거대한 조명에 인격을 불어넣었고, 인류는 태양과 달을 숭배하거나 두려워했다. 그 과정에서 다양한 종교와 문화가 피어났다. 주기적으로 달이 태양 앞을 가리고 지나갈 때마다 낮이 밤처럼 깜깜해지는 경험은 모든 이가 두려워하는 순간이었다.

20세기에 접어들면서 달은 새로운 방식으로 우리를 유혹했다. 그나마 가까운 거리에 떨어져 있는 정복 대상이 된 것이다. 덕분에 오래전부터 인류는 언젠가 지구를 넘어 달에 가고 싶다는 꿈을 꾸었다. 만약 지구 밤하늘에 지금처럼 크고 탐스러운 달이 없었다면 아마 인류는 지구가 아닌 또 다른 세계에 발자국을 남기고 싶다는 욕망 자체를 품지 못했을 것이다. 달이 있었기에 우리는 우주를 꿈꾸는 존재가 됐다. 인류는 달빛을 보며 욕망을 폭발시키는 늑대인간의 후예라 할 만하다.

17세기에도 달을 바라보던 늑대인간이 있었다. 바로 이탈리아 천문학자인 갈릴레오 갈릴레이Galileo Galilei(1564~1642)다. 이탈리아 피사에서 평균율이라는 음악체계를 다듬은 음악가 빈센초 갈릴레이의 아들이다. 1609년 5월 갈릴레이는 흥미로운 소문을 듣게 된다. 네덜란드 지역에서 누군가가 렌즈 두 개를 적절히 겹쳐서 아주 멀리 떨어진 대상을 크게 보여주는 신기한 물건을 만들었다는 소문이었다. 다름 아닌 망원경이었다. 망원경을 가리키는 텔레스코프telescope라는 단어 자체가 그리스어로 '멀리 있는tele' 것을 '관찰한다skopein'는 뜻이다.

갈릴레이는 직접 그 소문의 망원경을 제작했다. 여러 번 개량을 거친 끝에 8배율 망원경을 만들었다. 당시로서는 최고 수준이었다. 갈릴레이는 이 망원경만 있으면 15km 떨어진 거리에 있는 적을 1km 거리에 있는 것처럼 크게 들여다볼 수 있기 때문에 그만큼 적을 두 시간 일찍 발견하고 대응할 수 있다고 홍보했다. 이런 군사적 이점을 내세워 귀족들에게 망원경을 팔았다. 하지만 곧 유럽 각지에서 비슷하거나 더 성능이 뛰어난 망원경이 쏟아지는 바람에, 갈릴레이는 만족스러울 만큼 큰돈을 벌지 못했다. 흥미롭게도 망원경은 인류 과학을 진일보시킨 역사적 발명품이지만, 정확히 누구 손에서 처음 탄생했는지 결론이 나지 않았다. 17세기 초반에 곳곳에서 많은 사람이 망원경 특허를 신청했지만, 네덜란드 당국은 망원경이 상대적으로 단순한 원리에 따라 작동하고, 이미 여러 사람이 비슷한 시기에 독립적으로 개발했다는 이유를 들어 누구의 특허도 승인하지 않았다. 결국 망원경은 한 개인의 독점적 발명품으로 남지 않게 됐다.

흔히 갈릴레이가 망원경을 처음 발명했다고 알려졌는데, 그건 사실이 아니다. 망원경이라는 도구는 갈릴레이 시대 이전부터

이탈리아 레오나르도 다 빈치 국립과학기술박물관에 전시된
갈릴레오의 초기 망원경 복제품
(2013, Alessandro Nassiri 촬영)

존재했다. 망원경은 원래 땅을 보는 도구였다. 전쟁터에서 적진을 살피거나 항해사가 육지를 둘러볼 때 사용하는 매우 일상적인 도구였다. 다만 그들과 갈릴레이 사이에 차이가 있다면 망원경으로 땅이 아닌 밤하늘의 별을 겨냥했다는 점이다. 갈릴레이는 처음으로 망원경의 고개를 들어 올린 인물이다.

갈릴레이의 망원경은 가장 먼저 달을 겨냥했다. 그런데 뭔가 이상했다. 그저 유리처럼 매끈할 줄 알았던 달의 표면이 몹시 울퉁불퉁했던 것이다. 달 전역에 거친 산과 분화구가 가득했다. 태양빛이 비스듬하게 비추는 달 표면 위로 기다란 그림자가 드리웠다. 오랫동안 중세 기독교 아리스토텔레스의 우주관이 지상과 천상에 뛰어넘을 수 없는 위계질서를 규정했다. 지상은 오래전 선악과를 몰래 따먹은 벌로 에덴동산에서 쫓겨난 인간이 사는 세계로 여겨졌다. 그만큼 불완전하기에 거친 산맥과 계곡으로 울퉁불퉁하다고 여겼다. 반면 천상은 조물주의 완벽한 피조물로 받아들여졌다. 그래서 하늘에 떠 있는 모든 태양과 달 그리고 모든 행성과 별은 기하학적으로 가장 완벽하고 조화로운 구의 형태를 띤다고 생각했다. 그런데 갈릴레이가 바라본 달은 무척 거칠었다. 당시 상식을 완전히 뒤집는 당황스러운 모습이었다. 그 시대를 지배하던 세계관을 정면으로 반박하는 발견이었다. 갈릴레이는 아리스토텔레스 세계관을 무너뜨리고 싶었다.

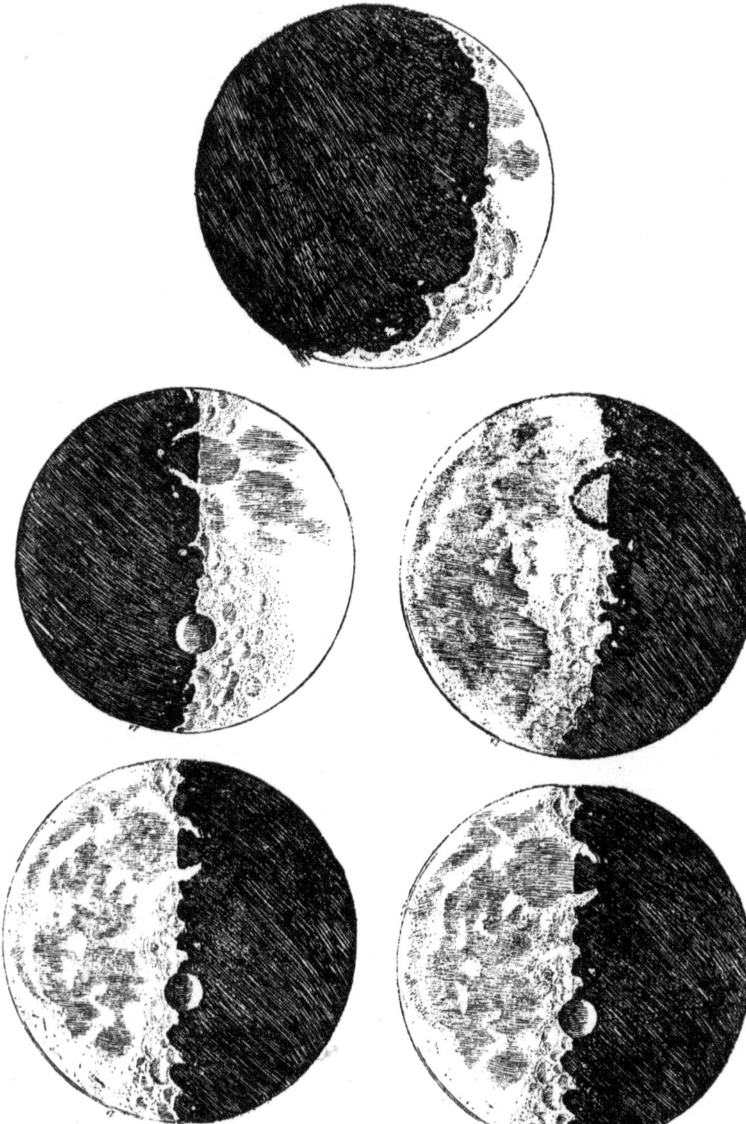

갈릴레이가 달의 거친 표면을 표현한 그림

(1610, 갈릴레이, 『시데레우스 눈치우스』 중)

"매끄럽고 균일하고 완벽한 구형이라는 가정과 달리, 달의 표면은 울퉁불퉁하고 거칠며 골짜기와 돌출부로 가득해 지구 표면과 매우 비슷하다."

_갈릴레오 갈릴레이, 『시데레우스 눈치우스』

갈릴레이가 직접 달을 관찰하며 기록한 그림을 보면 흥미로운 점을 하나 발견할 수 있다. 갈릴레이는 절대 보름달을 그리지 않았다. 항상 태양빛이 비스듬하게 비추는 반달과 초승달만 그렸다. 보름달은 태양빛이 달 얼굴 위에 수직하게 내리꽂힐 때 볼 수 있다. 그러면 달에 있는 산맥과 분화구 가장자리에 그림자가 거의 드리우지 않는다. 달의 거친 면모를 느끼기 어려운 것이다. 초승달이나 반달처럼 태양빛이 비스듬하게 들어와야만 달의 거친 표면을 극적으로 알아볼 수 있다. 갈릴레이는 달이 지구와 마찬가지로 불완전하고 거친 스스로의 치부를 드러내는 모습에 빠져들었다. 심지어 다른 천문학자들이 보름달을 관측하고 묘사한 그림을 보고는, 달을 제대로 알지 못하는 바보들의 그림이라며 가혹하게 비난할 정도였다. 갈릴레이는 달 얼굴에 드리운 빛과 그림자의 부드러운 경계에서 낯선 우주를 마주했다.

♫ ♫ ♫

세상 모든 빛은 그림자를 남기고, 모든 그림자는 빛을 갈망한다. 음악으로 빛과 그림자 이야기를 그린 19세기 프랑스 작곡가 클로드 드뷔시Claude Achille Debussy(1862~1918)는 바로 그 미묘한 경계에서 춤을 췄다. 그는 단순히 음악을 만드는 사람이 아니었다. 빛을 색으로, 소리를 그림자로 바꾸는 마법사였다. 드뷔시 음악을 들으면 마치 한 줄기 빛이 안개를 뚫고 나오는 것처럼 느껴진다. 그는 강렬한 햇빛보다 은은한 달빛을 사랑했고, 선명한 윤곽선보다 모호한 실루엣을 탐닉했다. 그의 선율은 구체적이지 않지만, 오히려 그래서 더 풍부하다. 그의 멜로디는 끝없이 변화하고, 화음은 무한히 흔들린다. 마치 빛과 그림자가 서로 쫓고 어우러지는 끝없는 발버둥처럼 느껴진다.

1차 세계대전이 발발하기 이전인 1871년, 드뷔시는 한창 평화롭던 프랑스 파리의 벨 에포크Belle Époque 시대를 향유했다. 당시는 유럽 제국주의가 절정에 달하던 시기이기도 했다. 1851년 영국 런던에서 세계 최초로 여러 나라 물품을 한데 모아놓고 전시하는 박람회가 열렸다. 영국은 141일간 진행된 이 박람회에서 자신들의 역량을 과시하기 위해 건물 전체를 투명한 유리와 철제만으로 설계된 수정궁The Crystal Palace을 지었다. 수많은 식민지를 거느리던 영국과 프랑스를 중심으로 아시아와 아프리카 대륙의 새로운 문화가 유럽으로 쏟아져 들어오기 시작했다.

일본은 도자기를 유럽에 수출하면서 깨지지 않도록 포장을 해야 했다. 이때 주로 사용한 포장지에 새겨진 것이 판화인 우키요에浮世絵였는데, 충격을 완화하려고 택배 상자에 집어넣는 완충재 역할을 했다. 일본에서는 흔해빠진 일상 소모품에 불과한 그 우키요에에 뜻밖에도 유럽 화가들이 빠져들었다. 우키요에는 단순하지만 화려했다. 선명한 색감과 뚜렷한 윤곽선의 대비가 기존 유럽 예술에서는 찾아볼 수 없는 파격이었다. 그래서인지 빈센트 반 고흐Vincent van Gogh를 비롯해 이 시기에 유럽에서 활동한 인상주의 화가들에게 지대한 영향을 끼쳤다. 새롭게 유입된 아시아와 아프리카의 전통문화는 음악가들에게도 큰 충격으로 다가왔다. 특히 드뷔시는 인도네시아 자바의 전통음악인 가믈란gamelan에서 신선한 영감을 받았다고 한다. 청동으로 만든 징과 대나무 피리 같은 다양하고 낯선 악기로 새로운 음악이 창조되는 과정을 보면서, 서양 고전음악의 기존 문법이 아닌 다른 방식으로도 음악을 만들 수 있다는 용기를 얻었을 것이다.

반항아가 되기 전까지, 젊은 시절 드뷔시는 낭만주의 음악의 열렬한 팬이었다. 열 살 때 이미 파리음악원에 입학했고, 1884년에는 스물두 살의 젊은 나이로 프랑스에서 가장 권위 있는 로마 대상Prix de Rome 1등상을 거머쥘 정도로 제도권 음악에서도 두각을 드러낸 인물이다. 1888년에는 후기 낭만주의 거장인 리하르트 바그

너Wilhelm Richard Wagner에게 큰 관심을 품고 직접 바그너 성지인 독일 바이로이트로 여행을 가기도 했다. 그런데 이 독일 여행이 드뷔시로서는 만족스럽지 않았다. 바그너를 추앙하는 바그네리안 Wagnerian이었는데, 도리어 격렬한 반바그네리안이 되어 돌아왔다. 갈릴레이가 아리스토텔레스의 우주를 부정했듯, 드뷔시는 바그너의 음악 세계를 거부했다.

> "바그너 음악은 새벽으로 오해받는 황혼이다."
> _클로드 드뷔시

시대가 흐르면 많은 것이 바뀌지만, 절대 변하지 않는 것도 있다. 시대마다 사용하는 어휘가 달라도 주어 뒤에 동사가 따라와야 한다는 문장 형식은 변하지 않는다. 음악사도 비슷하다. 시대에 따라 음악은 다양한 스타일을 넘나들며 변화했지만, 그 형식은 바뀌지 않았다. 음악은 시작과 끝이 있다. 기존 음악은 분위기로 관객에게 음악이 언제 시작되고 끝나가는지를 느낄 수 있도록 의도했다. 도입부를 지나 절정에 올랐다가 다시 원래 분위기로 돌아오면서 차분하게 곡을 마무리하는 일종의 순환적 수미상응 형식을 고수했다.

정확히 틀에 박힌 기존 고전음악에서는 뒤에 어떤 음이 따라올지 예상할 수 있다. 아름다움은 지극히 주관적 감상이긴 하지만,

빈센트 반 고흐가 그린 〈기생〉,
당시 유럽 일대에 일본에서 유래한 문화가 유행하며,
일명 자포니즘 열풍이 불었다는 것을 보여준다.(1887, 빈센트 반 고흐)

음악적으로 어떻게 아름다움을 표현해야 할지가 명확하게 규정되어 있었던 셈이다. 일정한 규칙을 따르지 않는 음악은 마치 문법에 맞지 않는 잘못된 문장처럼 여겨졌다. 만약 신문기사나 판결문을 작성해야 한다면 육하원칙에 따라 맞춤법까지 하나하나 신경 써야 할 것이다. 하지만 문법에서 벗어나도 별문제 되지 않을 때가 있다. 시가 그렇다. 순서가 뒤집히고 뜬금없는 단어가 튀어나와도 시적 허용으로 받아들이고는 한다. 시는 명확하고 객관적인 사실을 나열하려고 하지 않는다. 호수 위에 일렁이는 햇빛, 나뭇잎 사이로 아른거리는 햇살과 그림자처럼 찰나의 감각을 전달하는 것이 시의 목적이다.

드뷔시는 음악가들이 무조건 따르던 순환적 형식이 고리타분하다고 생각했다. 음악은 왜 처음 시작할 때 분위기로 되돌와야만 할까? 그럴 필요가 있을까? 드뷔시는 곡 흐름이 출발점을 벗어나 전혀 다른 곳으로 나아가는 것을 지향했다. 예상되던 멜로디가 조금씩 미묘하게 엇나가면서 음악이 언제 끝날지 알 수 없게 만든다. 그래서 드뷔시 음악을 감상하다 보면 감정이 명확한 하나의 주제로 수렴하지 않고, 사방으로 분산되는 인상을 받는다. 멜로디 흐름이 손에 잡히지 않고, 형식도 분명하지 않다. 드뷔시 음악은 주제를 선명하게 제시하지 않는다. 뭔지 모를 분위기만 남긴다. 그래서 유독 시적으로 느껴진다.

"사물 이름을 말하는 건 시가 주는 즐거움을 앗아가는

것이다."

_스테판 말라르메

실제로 드뷔시는 여러 시인과 교류했고, 시에서 영감을 받아 지은 작품을 많이 남겼다. 19세기를 대표하는 프랑스 상징주의 시인 스테판 말라르메Stéphane Mallarmé의 시에서 영감을 받아 1894년에 탄생한《목신의 오후에의 전주곡Prélude à l'après-midi d'un faune, L. 87a》이 대표적이다. 곡 내용은 상당히 파격적이다. 어느 나른한 여름날 오후, 나무가 우거진 호숫가에서 양치기 신인 목신이 낮잠을 자고 있었다. 그 바로 옆에서는 일곱 명의 요정 님프가 목욕을 하고 있었다. 잠에서 깬 목신은 님프들이 남기고 간 스카프 위에서 잠이 들고, 스카프를 휘어감으며 성행위를 연상시키는 행동을 한다.

드뷔시는 목신이 지금 꿈을 꾸는 건지, 아니면 잠에서 깨어난 건지 명확히 드러내고 싶지 않았다. 관객이 마치 꿈속에서 몽롱한 경험을 하는 듯 만들고 싶었다. 그래서 첫 네 마디부터 틀을 깼다. 플루트 독주가 기존 조성을 슬그머니 빠져나오며, 님프들이 나른하게 졸고 있는 장면을 묘사한다. 기존 장조와 단조로 정의되는 감정에 얽매이지 않고, 의도적으로 미묘한 불협화음을 유지하며 몽환적인 분위기를 자아낸다. 관현악 형식에서도 파격을 시도했다. 곡은 명확한 주제를 향해 달려가지 않았다. 마치 즉석에서 연주하는 즉

흥곡처럼 형식이 변화하도록 자유롭게 방치했다.

> "아름답지만 형식이 없고 하모니가 명확하지 않아 음악이라고 할 수 없다. 음계 또한 기이한데, 그보다 더 큰 문제는 이 작품이 모든 규칙을 어기고 있다는 사실이다. 이런 식의 작곡은 받아들일 수 없다."
>
> **_《목신의 오후에의 전주곡》에 대한 당시 비평**

《목신의 오후에의 전주곡》은 12분짜리 관현악곡이지만, 니진스키의 안무로 발레 무대에 올려졌다. 1912년 파리에서 초연됐을 때는 평론가들에게 가혹한 비판을 받았다. 하지만 흥행에서는 오히려 성공했다. 러시아의 전설적인 발레 스타로 당시 유럽에서 가장 유명했던 바츨라프 니진스키Vatslav Fomich Nizhinsky가 무대에 오르면서, 매표소는 몰려든 사람들로 장사진을 이뤘다. 니진스키도 드뷔시 못지않게 무용의 고정관념에 반기를 들던 문제적 반항아였다. 반항아 드뷔시의 음악에 가장 잘 어울리는 탁월한 사람이었다고 할 수 있다. 드뷔시는 이 음악이 말라르메의 시를 재현한 것이 아니라, 시가 남긴 인상에 대한 음악적 응답이라고 설명했다. 처음부터 명확한 주제의식 대신 장면이 남기는 인상을 전달하는 것이 드뷔시의 진짜 목적이었다. 하지만 고전음악의 기존 틀을 고수하던 동료 음악가들 눈에는 드뷔시 음악이 미완성 작품으로 보일 뿐이었다.

"그의 전주곡은 훌륭하게 들리지만 그 안에서 가장 음악적인 아이디어를 찾을 수 없다. 마치 화가가 작업하던 팔레트에 묻은 물감처럼 많은 곡이 뒤섞여 있다. 드뷔시 스타일은 논리적으로 부족하다."

_ 카미유 생상스

《목신의 오후에의 전주곡》

hr-Sinfonieorchester - Frankfurt Radio Symphony _ Youtube

♫ ♫ ♫

갈릴레이도 드뷔시 못지않은 반항아 기질을 타고났다. 그 역시 기존 틀을 벗어나기를 갈망했다. 젊은 시절부터 당시 철학자들의 사고를 지배하던 아리스토텔레스 우주관이 고리타분하다고 여기고, 매섭게 비판했다. 그는 아리스토텔레스의 지독한 안티였다. 아버지 권유로 피사대학에서 한창 의학을 공부하던 당찬 열아홉 살 시절인 1583년에는 아리스토텔레스 때문에 교수와 말다툼을 벌이기까지 했다.

갈릴레이가 어느 날 창밖으로 우박이 떨어지는 광경을 바라보고 있었다. 우박은 크기나 무게에 상관없이 모두 같은 속도로 떨어졌다. 그 광경을 보고 갈릴레이는 아리스토텔레스를 향해 의문을 품었다. 분명 아리스토텔레스는 무거운 물체가 아래로 돌아가려는 성향이 더 강하기 때문에 가벼운 물체보다 더 빠르게 떨어진다고 주장했다. 갈릴레이는 우박을 사례로 들어 지도교수인 이탈리아 철학자 지롤라모 보로Girolamo Borro에게 질문을 던졌다. 그런데 보로는 철저한 아리스토텔레스 신봉자였다. 그는 우박이 각기 다른 높이에서 떨어져서 그렇다고 설명했다. 무거운 우박은 더 낮은 곳에서, 가벼운 우박은 더 높은 곳에서 떨어지기 때문에 결국 땅에 다다를 때는 모두 비슷한 속도가 된다는 것이다. 이에 갈릴레이는 보로의 설명이 말장난에 불과하다고 신랄하게 비판했다. 당시 철학자들이 죄다 아리스토텔레스 사상에 갇힌 노예라고 느낀 그는 강의실을 박차고 나가버렸다.

전해지는 이야기에 따르면 갈릴레이가 기울어진 피사의 사탑 꼭대기에 올라가서 직접 무게가 다른 공 두 개를 떨어뜨리며 아리스토텔레스를 반박했다고 하는데, 이건 사실이 아닐 가능성이 높다. 실제로 갈릴레이가 이런 실험을 시연했다는 정확한 기록은 남아 있지 않다. 대신 갈릴레이는 상상 속 사고실험만으로 간단히 아리스토텔레스의 주장을 논파했다. 잠시 갈릴레이 머릿속으로 들어가보자.

무거운 공과 가벼운 공이 하나씩 있다. 아리스토텔레스 말이 맞다면 무거운 공이 가벼운 공보다 더 빨리 떨어져야 한다. 그렇다면 무거운 공과 가벼운 공을 밧줄로 묶어서 통째로 떨어뜨릴 경우,

무거운 공 하나일 때보다 속도가 더 빠를까 아니면 느릴까? 당황스럽게도 아리스토텔레스의 주장을 받아들인다면 두 가지 답이 모두 가능하다. 무거운 공과 가벼운 공을 하나로 묶었다면 전체 무게는 더 무거워진다. 따라서 무거운 공 하나일 때보다 더 빨리 떨어져야 한다고 답할 수 있다. 반대로 무거운 공과 함께 묶인 가벼운 공이 더 느리게 떨어지려고 저항할 수도 있다. 그렇다면 오히려 무거운 공 하나일 때보다 속도가 더 느려야 한다고도 답할 수 있다. 똑같은 상황이지만 답은 두 가지로 나오는 치명적인 논리적 모순이 발생한다. 따라서 모순이 일어나지 않으려면 가능한 답은 하나뿐이다. 무거운 공이든, 가벼운 공이든, 아니면 두 공을 함께 묶었든 상관없이 모든 물체는 항상 같은 속도로 떨어진다. 이렇게 갈릴레이는 아주 참신한 아이디어로 아리스토텔레스 철학이 얼마나 부실한지 입증했다.

그렇다 해도 아리스토텔레스 우주관은 쉽게 무너뜨릴 수 있는 대상이 아니었다. 견고해도 너무 견고했다. 아리스토텔레스 철학은 단순히 한두 가지 특정한 자연현상만을 이야기하지 않았다. 물질의 특성을 설명하는 화학부터 지구와 달과 태양의 움직임을 관측하는 천문학까지 우주의 모든 것을 아우르는 하나의 거대한 세계관이었다. 아리스토텔레스 철학은 이미 자연철학과 과학의 영역을 넘어 종교와 문화에 이르기까지 사람들 뇌리 속에 깊숙이 뿌리내린 상태였다.

그 대표적 사례가 바로 우주의 중심이 지구라고 생각하는 우주관이다. 고대 사람들이 그렇게 생각한 이유는 단순히 지구의 움직임을 느끼지 못해서, 그러니까 지구에 살면서 멀미를 하지 않았기 때문이 아니다. 생각보다 꽤 철저한 논리적 근거가 그 바탕에 깔려 있다. 아리스토텔레스는 우주 만물이 흙, 물, 공기, 불, 이 네 가지 기본 원소로 이루어져 있다고 주장했다. 그리고 무거운 물체일수록 더 빠르게 아래로 떨어지려 한다고 생각했다. 이 네 가지 기본 원소 중에는 흙이 가장 무겁다. 따라서 항상 흙이 아래로 떨어지려 할 것이다. 그런데 발밑에 모인 지구의 흙은 더 아래로 내려가지 않고 땅바닥에 쌓여 있다. 당시 천문학자들은 지구가 더는 아래로 내려갈 수 없는 우주 한가운데이기 때문에 그렇다고 생각했다.

태양과 달을 비롯한 행성들이 모두 지구를 중심으로 돈다고 이야기한 지구 중심설geocentrism은 고대 화학적 세계관이 바탕에 깔린 꽤나 탄탄한 우주론이었다. 이것을 무너뜨리려면 더 확실하고 강력한 증거가 필요했다. 고작 달 표면이 생각보다 거칠다는 발견만으로는 부족했다.

1610년 1월에 목성이 지구로 가까이 접근하면서 유독 밤하늘에서 밝게 드러났다. 갈릴레이의 망원경이 이번에는 목성을 겨냥했다. 멀리 있는 다른 별과 달리, 목성은 또렷하게 작은 원반 모습으로 나타났다. 배경에 있는 별보다 훨씬 가깝다는 뜻이었다. 그런데 목성 주변에서 정체를 알 수 없는 희미한 별이 세 개 더 보였다.

처음에는 갈릴레이도 단순히 목성과 비슷한 방향에서 겹쳐 보이는 배경 별일 것이라고 생각했다. 그다음 날 밤 목성이 천천히 자리를 이동했다. 그런데 전날 밤 목성 옆에서 보였던 별 세 개가 여전히 같이 나타났다. 만약 이 별들이 목성과 상관없고 그저 목성과 비슷한 방향에서 보이는 배경 별일 뿐이라면 목성이 이동했을 때 함께 보여선 안 된다. 그런데 이 별들은 마치 목성 뒤를 졸졸 쫓아다니는 것처럼 계속 목성 곁에 머물렀다.

갈릴레이는 날이 맑을 때마다 놓치지 않고 매일 목성을 관측했다. 그리고 목성 주변에 나타나는 별들을 꼼꼼히 기록했다. 어떨 때는 별이 단 두 개만 보이다가 어떨 때는 네 개까지도 등장했다. 매일 조금씩 이 별들은 목성 주변에서 자리를 바꾸며 이동했다. 하지만 모두 목성에서 완전히 벗어나지는 않았다. 계속 목성 곁에 머무르며 서성거렸다. 갈릴레이는 이것이 목성 곁에 붙잡혀 그 주변을 맴도는 목성의 위성이라는 사실을 깨달았다. 말하자면 목성의 가장 큰 위성 네 개를 발견한 것이다. 이는 하늘의 모든 존재가 오직 지구만을 중심으로 삼는다고 이야기한 아리스토텔레스의 우주관에 분명히 반하는 발견이었다.

오래전 니콜라우스 코페르니쿠스Nicolaus Copernicus가 세상을 떠나기 직전인 1543년에 펴낸 『천구의 회전에 관하여De revolutionibus orbium coelestium』에서 우주의 중심이 지구가 아닌 태양일 수 있다는 가설을 조심스럽게 제시했지만, 당시에는 별다른 주목을

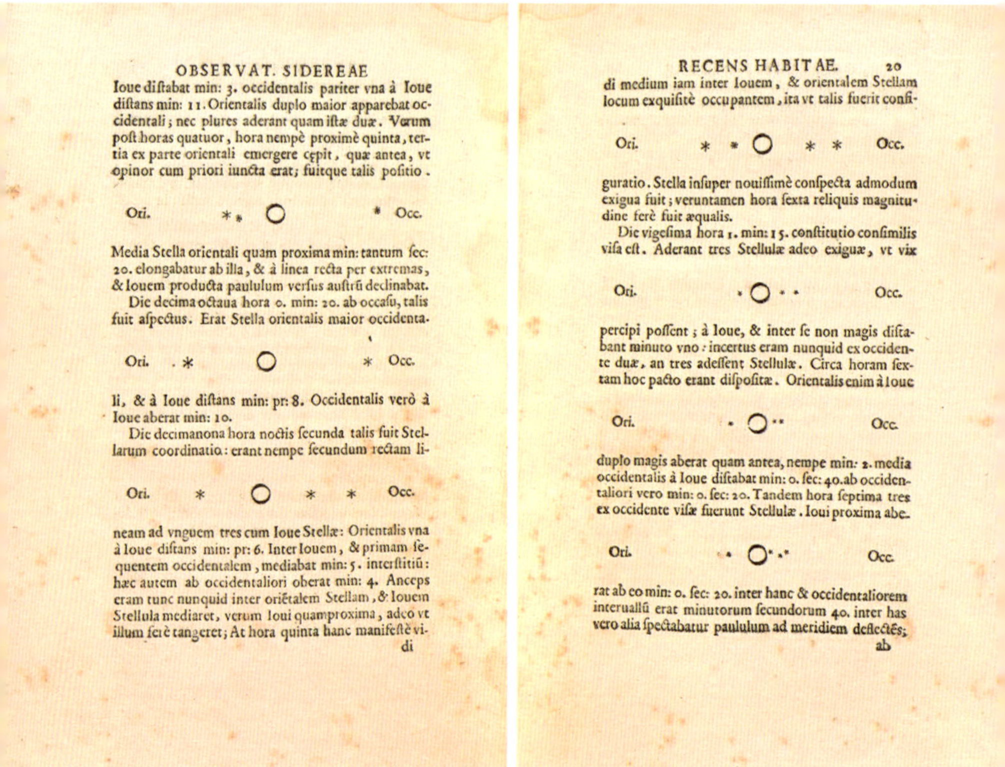

OBSERVAT. SIDEREAE

Ioue diſtabat min: 3. occidentalis pariter vna à Ioue diſtans min: 11. Orientalis duplo maior apparebat occidentali; nec plures aderant quam iſtæ duæ. Verum poſt horas quatuor, hora nempè proximè quinta, tertia ex parte orientali emergere cępit, quæ antea, vt opinor cum priori iuncta erat; fuitque talis poſitio.

Ori. * * O * Occ.

Media Stella orientali quam proxima min: tantum ſec: 20. elongabatur ab illa, & à linea recta per extremas, & Iouem producta paululum verſus auſtrũ declinabat.

Die decima octaua hora 0. min: 20. ab occaſu, talis fuit aſpectus. Erat Stella orientalis maior occidenta-

Ori. . * O * Occ.

li, & à Ioue diſtans min: pr: 8. Occidentalis verò à Ioue aberat min: 10.

Die decimanona hora noctis ſecunda talis fuit Stellarum coordinatio: erant nempe ſecundum rectam li-

Ori. * O * * Occ.

neam ad vnguem tres cum Ioue Stellæ: Orientalis vna à Ioue diſtans min: pr: 6. Inter Iouem, & primam ſequentem occidentalem, mediabat min: 5. interſtitiũ: hæc autem ab occidentaliori oberat min: 4. Anceps eram tunc nunquid inter oriẽtalem Stellam, & Iouem Stellula mediaret, verum Ioui quamproxima, adeo vt illum ferè tangeret; At hora quinta hanc manifeſtè vi-

di

RECENS HABITAE. 20

di medium iam inter Iouem, & orientalem Stellam locum exquiſitè occupantem, ita vt talis fuerit confi-

Ori. * * O * * Occ.

guratio. Stella inſuper nouiſſimè conſpecta admodum exigua fuit; veruntamen hora ſexta reliquis magnitudine ferè fuit æqualis.

Die vigeſima hora 1. min: 15. conſtitutio conſimilis viſa eſt. Aderant tres Stellulæ adeo exiguæ, vt vix

Ori. * O * * Occ.

percipi poſſent; à Ioue, & inter ſe non magis diſtabant minuto vno: incertus eram nunquid ex occidente duæ, an tres adeſſent Stellulæ. Circa horam ſextam hoc pacto erant diſpoſitæ. Orientalis enim à Ioue

Ori. * O * * Occ.

duplo magis aberat quam antea, nempe min: 2. media occidentalis à Ioue diſtabat min: 0. ſec: 40. ab occidentaliori vero min: 0. ſec: 20. Tandem hora ſeptima tres ex occidente viſæ fuerunt Stellulæ. Ioui proxima abe-

Ori. * O * * * Occ.

rat ab eo min: 0. ſec: 20. inter hanc & occidentaliorem interuallũ erat minutorum ſecundorum 40. inter has vero alia ſpectabatur paululum ad meridiem deflectẽs;

ab

목성 곁을 맴도는 위성들의 움직임을 묘사한 갈릴레이의 기록.
가운데 동그라미가 목성이고 그 오른쪽과 왼쪽에서 조금씩 자리를 바꾸는
작은 점들이 목성의 위성이다.
(1610, 갈릴레이, 《시데레우스 눈치우스》 중)

받지 못했다. 갈릴레이는 목성 주변에서 발견한 위성의 존재야말로 오랫동안 합당한 대접을 받지 못한 코페르니쿠스의 가설을 입증할 수 있는 확실한 증거라고 생각했다.

1610년 갈릴레이는 망원경으로 확인한 달의 거친 모습과 목성 주변의 위성 그리고 셀 수 없이 많은 별의 존재를 비롯한 방대한 이야기를 엮어 『시데레우스 눈치우스Sidereus Nuncius』라는 책으로 출간했다. 별의 소식을 전하는 사람이라는 뜻이다. 그 무렵 갈릴레이는 이탈리아 피렌체 지역을 주름잡던 메디치 가문의 전폭적인 지원을 받으며 연구를 수행하는 처지였다. 그래서 책에 후원자를 향한 찬사를 담았다. 갈릴레이가 발견한 목성 주변의 위성이 네 개였는데, 마침 메디치 가문에도 아들이 네 명 있었다. 갈릴레이는 위성 하나하나를 메디치 가문의 네 아들에게 바치며 '메디치의 별Medicean Stars'이라고 이름 붙였다. 밤하늘에 이름을 남기는 영광은 고대신화 속 영웅과 신들만 누릴 수 있었는데, 그 명예를 자신의 후원자에게 안겨준 셈이다. 갈릴레이가 얼마나 외교적인 인물이었는지를 엿볼 수 있는 장면이기도 하다.

갈릴레이가 가져다준 별의 소식은 곧 유럽 전역에서 큰 인기를 끌었다. 아울러 로마 교황청의 심기를 건드렸다. 1616년 로마 교황청이 갈릴레이를 불러들였다. 로마로 떠날 때까지만 해도 갈릴레이는 추기경들에게 직접 망원경 속 우주를 보여준다면 그들을 설득할 수 있으리라고 자신만만하게 생각했다. 또 부와 명예를 한 손에 쥔 메디치 가문을 등에 업고 나온 책이므로 교황청도 강하게 나오지는 못할 것이라고 섣불리 판단했다.

하지만 시기가 좋지 않았다. 교황청은 갈릴레이를 만나기 전에 이미 그를 어떻게 처분할지 결정해놓은 상태였다. 앞서 한 차례 루터의 종교개혁을 거치면서 권위가 땅에 떨어진 터라 교황청은 아주 예민했다. 갈릴레이의 과학적 발견과 탐구가 성경을 해석하는 신학자의 영역까지 침범할 수 있다고 우려했다. 지구가 아닌 태양이 중심이라고 이야기하는 코페르니쿠스의 가설과 부합하도록 성경 문구를 재해석해야 한다고 말하는 갈릴레이의 주장은 이단으로 비춰질 뿐이었다. 교황청은 완강했다. 심지어 갈릴레이의 망원경이 악마의 속임수를 쓴다면서, 망원경에 자신들의 눈을 가져다 대는 것조차 거부할 정도였다.

결국 교황청은 갈릴레이의 주장과 발견을 두고 철학적으로 우매하며 신학적으로 이단적이라는 가혹한 판결을 내렸다. 그리고 그에게 서약을 강요했다. 갈릴레이는 태양이 하늘의 중심에서 움직이지 않는다는 것과 지구가 하늘의 중심에 있지 않고 이중으로 움직인다는 것, 이 두 가지 주장을 앞으로 절대 글이건 강연이건 어떤 형태로든 설파하지 않겠다고 서약할 수밖에 없었다. 하지만 여기서 굴하지 않았다.

"성경은 천국이 가는 길을 보여주지 않는다. 다만

천국으로 가는 길을 알려준다."

_ 갈릴레오 갈릴레이

♫ ♫ ♫

신화 속에서 목성이 신들의 왕 제우스(유피테르)를 상징하기 때문에 목성 곁을 맴도는 위성들에도 가니메데, 칼리스토, 이오, 유로파와 같이 제우스가 탐한 인물들의 이름이 붙었다. 오늘날에는 그의 발견을 기리기 위해 이 위성들을 묶어 갈릴레이 위성Galilean moons이라고 하지만, 한때 메디치의 별이라는 민망한 이름으로 불린 시절이 있었다.

수많은 여인을 탐하고 범한 목성의 신, 제우스처럼 드뷔시도 스캔들이 끊이지 않았다. 낭만적인 그의 음악과 달리, 드뷔시를 지켜본 주변 인물들의 평가는 그리 달콤하지 않다. 주로 악평이 많다. 남아 있는 편지와 기록을 보면 드뷔시는 차갑고 신경질적인 데다, 심지어 약속한 돈을 갚지 않기도 했다. 특히 치명적인 부분이 바로 여성 편력과 얽힌 사생활 문제였다. 드뷔시와 사랑을 나눈 연인들은 줄줄이 권총 자살이라는 극단적인 최후를 시도했다. 드뷔시는 관객에게 감동의 눈물을 선사했지만, 정작 연인에게는 피눈물을 흘리게 한 인물이다.

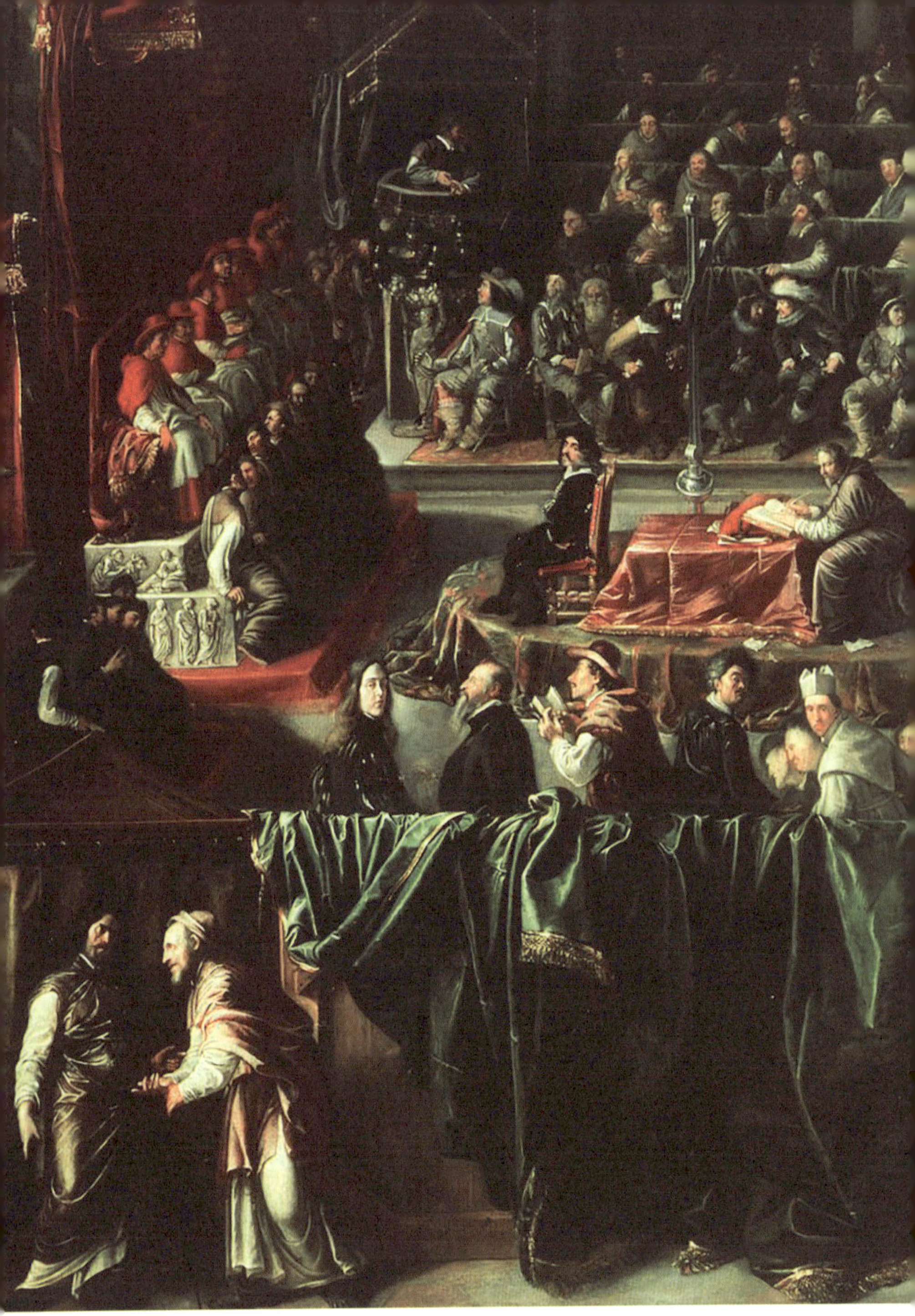

갈릴레이가 교황청에서 재판을 받던 모습을 표현한 그림

(17세기, 작자 미상)

한창 파리음악원에서 공부하던 시절인 1880년, 열여덟 살의 드뷔시가 교수 추천으로 나데즈나 폰 메크Nadezhda Filaretovna von Meck 부인의 여름 휴가에 동행하게 됐는데, 부인은 당시 러시아 작곡가인 표트르 차이콥스키Pyotr Tchaikovsky의 든든한 후원자였다. 어린 드뷔시는 그곳에서 부인의 열다섯 살 된 어린 딸 소냐에게 피아노를 가르쳤다. 그런데 3년의 시간이 흐르는 동안 드뷔시와 소냐 사이에 은밀한 사랑이 싹텄다. 어느 날 밤, 드뷔시가 혼자 응접실에 앉아 있던 폰 메크에게 딸 소냐와의 결혼을 허락해달라고 애걸복걸했다. 하지만 미성년자인 딸의 결혼을 함부로 허락할 수 없었던 폰 메크는 매몰차게 거절하고, 곧장 드뷔시를 쫓아냈다.

그런데 드뷔시 마음속에 소냐만 있던 것이 아니다. 폰 메크와 함께 여러 귀족의 저택을 방문하며 사교계와 인연을 쌓는 사이, 어린 드뷔시는 유명한 건축 공무원 집안의 아내인 마리 바니에Marie-Blanche Vasnier를 향한 또 다른 마음을 키우고 있었다. 아마추어 소프라노 성악가인 바니에가 노래를 부를 때 옆에서 드뷔시가 반주를 해주며 친분을 다졌다. 바니에가 드뷔시보다 열네 살이나 연상이었지만, 둘은 뜨거운 사랑에 빠졌다. 드뷔시는 바니에의 아름다운 목소리와 또래보다 성숙한 미모에 끌렸다. 바니에는 대범하게도 남편인 앙리 바니에Henri Vasnier와 함께 사는 저택의 방 한 칸을 통째로 드뷔시에게 내어주고, 그와 은밀한 만남을 이어갔다.

드뷔시의 비밀은 오래가지 못했다. 끝내 남편에게 발각당하고 말았다. 그런데 앙리는 곧바로 드뷔시를 내쫓지 않았다. 아내가 젊은 음악가와 바람이 났다는 사실을 알고도 최대한 드뷔시와 좋은 관계를 유지했다. 아마도 고위 공무원이다 보니 체면상 선불리 문제를 키우고 싶지 않았던 것 같다. 대신 앙리는 드뷔시가 음악적으로 성공할 수 있도록 지원을 아끼지 않았다. 파리음악원에서 드뷔시가 수업도 제대로 듣지 않고 한창 반항할 때, 그를 설득한 사람도 앙리 바니에였다. 마침내 정신을 차린 드뷔시가 로마 대상에 응모하겠다고 결심했고, 그 약속은 이루어졌다. 이때 드뷔시가 1등상을 차지한 작품 이름이 《방탕한 아들L'enfant prodigue, L. 61》이다.

로마 대상을 탄 드뷔시는 그 특전으로 이탈리아 로마에 유학을 가게 됐다. 남편 앙리가 어쩌면 의도적으로 드뷔시의 음악 활동을 지원했을 것이라는 해석도 있다. 드뷔시가 상을 타면 프랑스를 떠나게 될 테니 최대한 타의로 드뷔시가 아내 곁을 떠나게 만든다는 전략이었다는 얘기다. 드뷔시는 바니에 부인을 3년 동안 떠나 있어야 한다는 사실이 슬펐다. 그래서 로마로 떠난 지 2년 만에 불쑥 파리로 돌아왔다. 그 즉시 바니에 부인을 찾아갔지만, 그사이 바니에 부인은 마음을 정리한 상태였다. 바니에 부인에게 거절당한 드뷔시는 차가운 상처만 남긴 채 다시 로마로 돌아갔다.

로마 유학을 마치고 파리에 돌아온 1887년, 스물다섯 살이 된 드뷔시는 우연히 술집에서 만난 가브리엘 뒤퐁Gabrielle Dupont과 충동적으로 사랑에 빠졌다. 재단사의 딸인 뒤퐁은 헌신적인 여성으로, 10년 가까운 긴 세월 동안 드뷔시와 동거하며 사실상 부부처럼 살았다. 드뷔시는 '가비Gaby'라는 애칭으로 부르던 뒤퐁에게 《목신의 오후에의 전주곡》을 헌정했다.

그런데 이 작품의 첫 공연이 올라간 1894년 드뷔시가 또다시 한눈을 팔기 시작했다. 뒤퐁과 동거하던 중에 소프라노 가수 테레즈 로제Thérèse Roger와 약혼을 발표한 것이다. 로제는 드뷔시가 이미 다른 여성과 동거하고 있다는 사실을 몰랐지만, 실상을 알고 나서 약혼을 파기했다. 뒤퐁과 함께 산 10년 동안 드뷔시는 스캔들이 끊이지 않았다. 급기야 뒤퐁과 절친한 친구였던 로잘리 텍시에Rosalie Texier와도 사랑에 빠졌다. 급기야 드뷔시 주머니에서 텍시에를 향해 사랑을 속삭이는 편지를 발견한 뒤퐁은 이제 더는 참을 수 없다고 판단하고, 권총 자살을 시도했다. 다행히 목숨을 건졌지만, 그 사건이 있고 나서 곧 드뷔시가 곁을 떠났다.

드뷔시는 패션모델인 텍시에에게 자신의 마음을 받아주지 않으면 스스로 손목을 그어 죽어버리겠다고 협박성 구애를 했다. 텍시에도 일찍이 드뷔시의 바람기를 잘 알고 있었기에 그의 마음을 받아들이고 싶지 않았지만 드뷔시의 협박에 굴복했고, 두 사람은 결혼을 발표했다. 당시만 해도 아직 드뷔시가 경제적으로 풍족하지 못하던 때였다. 결혼식 비용조차 부족해서 예식 당일 아침까지 피아노 레슨을 해야 했다.

드뷔시의 방탕한 사생활은 여기서 멈추지 않았다. 텍시에를 향하던 드뷔시의 마음이 빠르게 식었다. 이번에는 피아노 레슨을 하던 학생의 어머니인 엠마 바르닥Emma Bardac과 불륜을 저질렀다. 사실 바르닥도 꽤 만만치 않은 인물인데, 은행가인 시지스몽 바르닥Sigismond Bardac의 부인이지만 드뷔시의 선배 작곡가인 가브리엘 포레Gabriel Fauré와도 사랑을 나누며 그의 뮤즈가 되기도 했다. 드뷔시가 또 바람을 피운다는 사실을 알게 된 텍시에도 권총 자살을 시도했다. 다행히 그 시도가 실패로 끝나 목숨을 건졌지만, 자신 때문에 자살을 시도한 옛 친구 뒤퐁과 정확히 같은 운명을 따라가게 됐다.

스캔들이 끊이지 않고, 게다가 그와 헤어진 연인들이 극단적 시도를 했다는 사실이 알려지면서 주변 사람들이 하나둘 드뷔시를 떠나기 시작했다. 언론에서도 드뷔시를 향해 수많은 비난을 쏟아냈다. 드뷔시는 과연 자신 때문에 상처 받은 영혼들에게 미안해하고 반성하는 마음이 생겼을까? 어쩌면 사람들 손가락질이 자신의 인성은커녕 독특한 음악 세계 때문일 것이라는 잘못된 착각에 빠졌을지도 모른다. 드뷔시의 방황은 엠마와의 결혼생활에서 막을 내렸다. 엠마는 첫 번째 남편인 시지스몽 바르닥과 1905년 이혼을 한 뒤 바로 드뷔시와 동거를 시작했고, 3년 뒤 결혼했다. 수많은 피아노 솔로 작품을 남긴 드뷔시에게 정작 사랑은 솔로가 아니었다.

♫ ♫ ♫

드뷔시 작품은 유난히 몽환적이다. 꿈속을 해매듯 불안하면서도 포근한 느낌을 준다. 아마 젊은 작곡가가 들려주는 이런 묘한 분위기의 음악이 현실 감각을 마비시켜 주변 여성들에게 드뷔시가 자신을 진심으로 사랑할 것이라는 안타까운 착각을 불러일으켰는지도 모른다. 알코올처럼 분위기에 취하게 만드는 드뷔시 스타일을 보여주는 대표적 작품이 바로 1890년에 작곡한 〈달빛Clair de lune, L. 82/3〉이다. 그저 모호하고 갈피를 잡지 못하는 음악처럼 느껴졌던 드뷔시 스타일은 〈달빛〉에 이르러 비로소 모두를 설득하는 데 성공했다. 갈릴레이에게는 달빛이 고전적 우주관에 의심을 품는 첫 단추가 됐다. 달의 거친 빛과 그림자 아래에서 갈릴레이는 오랫동안 인류를 가두고 있던 거대한 크리스털 구슬에 금이 가게 만들었다. 반면 드뷔시에게 달빛은 그의 반항이 절정에 이르렀을 때 찾아왔다.

원래 평균율은 한 옥타브를 도-도#-레-레#-미-파-파#-솔-솔#-라-라#-시와 같이 12개의 음으로 균등하게 나누었다. 인접한 두 음 사이의 간격 한 칸을 반음semitone이라고 한다. 피아노에서 바로 옆에 붙어 있는 두 건반 사이의 간격이라고 보면 된다. 반음은 음과 음 사이의 가장 작은 단위다. 한 단계가 아닌 두 단계 음높이 차이는 온음tone이라고 한다. 그래서 온음은 반음의 2배다.

원래 고전음악에서는 반음과 온음 차이가 나는 음을 다양하게 배치해서 곡에 긴장감과 생동감을 불어넣었다. 좁은 간격으로 인접한 음이 이어지면, 마치 연속적인 빗면을 따라 굴러 내려가는 공에 속도가 붙듯 선율을 진행하는 힘이 강해진다. 반음과 온음이 뒤섞이면 선율은 더 좁은 간격으로 붙어 있는 건반 쪽으로 쏠린다. 반음을 향하는 선율의 흐름은 언제나 중심 쪽으로 나아가려는 중력과 같다. 원하는 마디에 의도적으로 반음을 배치하면, 작곡가는 정확히 원하는 주제로 관객의 감상을 집중시킬 수 있다.

이처럼 전통적인 조성음악은 분위기가 고조되면서 긴장이 절정에 이르렀다가 해소되는 명확한 흐름을 강요한다. 하지만 드뷔시는 이런 방식이 지나치게 명료하다고 생각했다. 자연은 우리에게 감상의 방향을 강요하지 않는다. 자유를 허락한다. 하지만 자연을 노래하는 음악은 명확한 감상의 방향을 제시한다. 그리고 관객의 감상을 그 틀 안에 가두려고 한다. 드뷔시는 건반 위에서 중력을 사라지게 만들고 싶었다. 무중력 우주 공간을 부유하듯 몽환적인 분위기를 자아내려면 다른 해법이 필요했다.

하얀 달이
빛나는 숲속에서
가지마다
우거진 잎사귀 사이로

흐르는 목소리

_폴 베를렌, 〈하얀 달〉 중

드뷔시는 이번에도 시에서 영감을 받았다. '시인의 왕'이라는 별칭을 얻은 19세기 프랑스 시인 폴 베를렌Paul-Marie Verlaine은 자신의 시 〈하얀 달La lune Blanche〉에서 나뭇가지와 물 위에 일렁이는 달빛을 노래했다. 물결에 비친 달빛은 방향성도 규칙도 없다. 미세하게 출렁이는 물위에 비쳐서 금방 사라지고 다시 나타난다. 마치 물위를 정처 없이 떠다니듯 그렇게. 드뷔시는 달빛이 주는 감각을 관객에게 전달하려면 감각이 분산되는 듯한 분위기를 만들어야 한다고 생각했다. 그리하여 건반 위에서 중력에 방향성을 입히는 반음을 과감하게 지워버렸다. 이를테면 도-레-미-파#-솔#-라#-도와 같이 서로 온음 간격으로 떨어져 있는 음으로만 음악을 구성했다. 이것을 온음음계whole tone scale라고 한다. 그러면 중력 역할을 하는 반음이 사라져서, 말 그대로 붕 뜬 것 같은 무중력 상태의 음악이 된다.

드뷔시의 〈달빛〉은 보기 드문 D♭ 장조D♭ Major로 시작한다. 그래서 도입부부터 부드럽고 고요한 분위기를 자아낸다. 〈달빛〉 전체가 온음음계로 구성된 것은 아니다. 처음에는 전통적인 화성을 따른다. 드뷔시는 특정 구간에서만 온음음계를 활용했다. 그래서 온음음계가 주는 낯선 감각과 모호한 감정이 더욱 두드러진다. 익숙한 고전음악의 흐름을 따라 방심한 채 굴러 내려가던 관객의 감정이 갑자기 갈피를 잡을 수 없는 무중력 상태에 방치되어버린다. 처음부터 감정을 분산시키지 않고 잠깐 응축시키는 척하다가 갑자기 힘을 빼고 놓아버리면서 감정이 흐트러지는 효과를 극대화했다. 〈달빛〉의 온음음계는 특정 구간에서 반복적으로 등장한다. 모호하되 비슷한 감정이 계속 느껴지게 만들면서, 드뷔시는 음악에 통일감을 주었다. 그렇다고 온음음계를 기계적으로 단조롭게 사용한 건 아니다. 매번 미세한 변형과 음색의 변화를 꾀하며 빛과 그림자에 깊이감을 더했다.

〈달빛〉

Seong-Jin Cho _ Youtube

드뷔시는 명확한 구조나 내러티브를 드러내는 대신 물결과 공기, 빛과 색처럼 찰나에 스쳐 지나가는 감각적 이미지를 소리로 표현하는 데 주력했다. 음악으로 당시 인상주의 미술의 핵심 가치이던 순간 포착을 구현하고자 시도했고, 악보와 건반 위에 갇혀 있던 음악을 빛과 색의 예술로 확장시켰다. 그래서 당시 평론가들은 드뷔시 작품을 인상주의 음악이라고 평가했다.

하지만 정작 드뷔시는 인상주의 음악가로 불리는 것을 달가워하지 않았다. 인상주의는 클로드 모네Oscar-Claude Monet가 프랑스 르아브르 항구의 아침 풍경을 유화로 담아낸 작품 〈인상, 해돋

이Impression, soleil levant〉에서 유래한 용어다. 명확한 경계를 지우고, 빛과 색채의 순간적 변화를 포착하고자 한 모네의 새로운 화풍을 설명하기 위해 만들어진 표현이다. 하지만 드뷔시는 자신의 작품이 이런 표면적 감각에만 초점을 둔 음악이 아니라고 생각했다. 게다가 드뷔시가 활동하던 시절에는 인상주의라고 하면 다소 부정적 뉘앙스를 풍겼다. 형식이 없고, 모호하고, 규칙을 따르지 않는 작품을 비하하는 투로 쓰이던 표현이었다. 그는 자신의 음악이 더 정교한 내적 감정까지 건드리기 때문에 단순히 인상주의라는 표현만으로는 충분히 담아낼 수 없다고 생각했다.

> "나는 무언가 다른 것을 시도하고 있다. 현실의 효과를 표현하려는 것인데, 멍청이들이 이를 인상주의라고 부른다. 이 용어는 제대로 이해되지도 않았거니와 잘못 사용되고 있다."
>
> _클로드 드뷔시

이후로도 드뷔시는 계속 자연의 다양한 이미지가 주는 감상을 소리로 옮겼다. 1904년에서 1907년 사이에는 아예 제목부터 '이미지Image'(영상)인 모음곡집을 두 권 출간했다. 솔로 피아노를 위해 만든 이 작품에는 각 권에 세 곡씩, 총 여섯 곡을 담았다. 모두 다양한 자연의 풍경과 예술작품에서 받은 드뷔시의 영감이 녹아 있다. 〈잎새를 스치는 종소리Cloches à travers les feuilles, L. 120/1〉에는 부드럽고 잔잔한 음색과 불규칙한 리듬이 섞여 있다. 멀리 떨어진 숲속에서 종소리가 나뭇잎 사이로 울려 퍼지는 모습을 묘사한다. 〈금빛 물고기Poissons d'or, L. 120/3〉는 일본 에도시대 판화 우키요에에 등장하는 금빛 잉어의 모습에서 영감을 받았다. 빠르게 흘러가는 선율이 물고기의 활발한 움직임과 물속 반짝임을 묘사한다. 〈달은 옛 사원 위에 내려앉고Et la lune descend sur le temple qui fut, L. 120/2〉는 프랑스의 음악학자이자 중국학자인 루이 라루아Louis Laloy의 영향을 받은 작품이다. 그래서 유독 동양적이고 낯선 음색이 강하다. 흥미로운 점은 드뷔시가 곡명을 악보 맨처음이 아닌 가장 끝부분에 새겨두었다는 것이다. 어쩌면 드뷔시는 제목을 알지 못한 채로 그저 나타나고 사라지는 음의 흐름을 마음껏 즐기도록 하여 관객에게 자유를 주고 싶었는지도 모른다.

이 모음곡집에서 가장 인상 깊은 작품을 꼽는다면 〈물의 반영Reflets dans l'eau, L. 105/1〉을 빼놓을 수 없다. 물은 형체가 없다. 항상 변화한다. 자연에서 볼 수 있는 가장 모호하고 불명확한 존재다. 드뷔시는 이 곡에서 물에 반사된 빛과 그림자가 계속 변화하는 모습을 표현하려고 온음음계의 모호한 화성을 적극 활용했다. 특히 화음을 이루는 각 음을 한꺼번에 연주하지 않고 연속해 차례대로 연주하는 아르페지오arpeggio 기법을 썼다. 왼쪽에서 오른쪽으로, 다시 오른쪽에서 왼쪽으로 건반을 순서대로 누르며 음이 차례차례 올라가고 낮아지도록 연주했다. 그래서 마치 피아노 건반이 아니라 쭉 이어진 하프 줄을 퉁기는 느낌을 준다. 이런 드뷔시의 기법은 파도가 멈추지 않고 계속 오르내리기를 반복하는 장면을 떠올리게 한다. 눈을 감고 드뷔시의 〈물의 반영〉을 들으면 정말 음악만으로 이미지를 떠올리게 한다는 말이 무슨 뜻인지 이해할 수 있을 것이다.

〈물의 반영〉

Seong-Jin Cho _ Youtube

> "이론 따위는 없다. 필요한 건 단지 귀를 기울이는 것뿐이다. 즐거움이 곧 법칙이다. 음악을 사랑하기에, 나는 그것을 억압하는 메마른 전통에서 해방시키려 한다. 음악은 바람과 하늘과 바다 같은 자연 요소처럼 경계 없이 열려 있다. 그러하므로 절대 틀에 갇힌 학문적 예술로 변질되어서는 안 된다."
>
> **_클로드 드뷔시**

물이 출렁이는 모습은 갈릴레이에게도 아주 중요한 영감을 주었다. 갈릴레이는 해안가에서 바닷물이 빠져나가고 다시 밀려오기를 반복하는 밀물과 썰물 현상에 주목했다. 그때는 아직 뉴턴이 떨어지는 사과를 얻어맞고 중력이라는 힘의 존재를 깨닫기 전이었다. 그래서 하늘 멀리 떨어진 달 중력에 지구 바닷물이 붙잡혀서 함께 끌려가고 있다고는 생각할 수 없었다.

대신 갈릴레이는 아주 흥미로운 가설을 제기했다. 그는 지구가 마치 거대한 물 양동이와 같다고 생각했다. 물이 가득 찬 양동이를 들고 빠르게 돌면 그 안에 든 물이 출렁거린다. 그러면서 양동이 가장자리에서 수면이 오르내리기를 반복한다. 갈릴레이는 지구 해안가에서 발생하는 밀물과 썰물이 바로 이런 원리라고 생각했다. 지구가 거대한 물 양동이라면 해안가는 양동이 가장자리에 해당한다. 지구가 움직이는 동안 그 안에 담긴 바닷물이 출렁거리면서 밀물과 썰물이 생겨난다고 보았다.

밀물과 썰물을 잘못 해석한 경험은 갈릴레이의 유명한 흑역사로 남아 있다. 그때 갈릴레이와 편지를 주고받았던 젊은 시절의 케플러는 밤하늘에 떠 있는 달의 모양과 위치가 밀물과 썰물이 발생하는 시점과 교묘하게 연결되어 있다는 추측을 내놓았다. 달의 신비로운 힘에 이끌려 바닷물이 움직이고 있다는 얘기였다. 물론 케플러가 중력이라는 정확한 개념을 짚은 것은 아니었지만, 우주적 거리를 가로질러 지구와 달이 서로 힘을 주고받을 수 있다는 놀라운 통찰력을 보여주었다. 하지만 갈릴레이는 케플러의 가설을 단칼에 부정했다.

사실 여기에는 갈릴레이 머릿속에 뿌리 깊이 깃든 아리스토텔레스에 대한 거부감이 크게 작용했다. 갈릴레이는 달이 바닷물의 움직임을 결정한다는 주장은 마치 별자리가 사람의 인생에 영향을 미친다는 이야기와 다르지 않다고 생각했다. 지구에서 벌어지는 일들이 하늘에 떠 있는 천체의 움직임으로부터 영향을 받는다는 식의 설명이 지나치게 구시대적이고 점성술 같다고 여겼다. 아리스토텔레스가 살던 시대에나 통할 법한 허무맹랑한 이야기 같았고, 케플러의 가설도 비과학적으로 다가왔다. 대신 갈릴레이는 지구 자체의 움직임 때문에 밀물과 썰물이 반복된다고 주장했다. 오늘날이라면 말도 안 되는 우스꽝스러운 주장이지만, 당시 갈릴레이는 바로 이것이 지구가 공전한다는 가장 확실한 증거라고 생각했다. 밀물과 썰물이라는 자연현상을 완전히 잘못 해석했지만, 결과적으로는 지구가 움직인다는 올바른 결론으로 이어진 흥미로운 사례다.

기어이 갈릴레이는 교황청에서 한 서약을 어기고 다시 펜을 들었다. 그리고 1632년에 밀물과 썰물 관점에서 지구가 움직인다는 사실을 설명하는 두꺼운 책 『두 우주 체계에 대한 대화Dialogo sopra i due massimi sistemi del mondo』를 출간했다. 당시에는 가상 인물을 등장시켜 서로 대화를 나누는 각본 형태로 책을 쓰는 것이 유행했다. 그래서 갈릴레이도 서로 대립하는 가상 캐릭터를 만들었다. 책에 등장하는 살비아티Salviati가 태양 중심설을 주장한 코페르니쿠스를 모델로 삼은 캐릭터다. 그 반대편에 있는 심플리치오Simplicio는 지구 중심설을 지지한다. 책에서 두 캐릭터는 어떤 모델이 실제 우주를 더 잘 대변하는지를 두고 나흘간 긴 대화를 나누었다.

사실 이 책은 새로운 교황이 부임한 덕분에 출간될 수 있었다. 제235대 교황으로 부임한 우르바노 8세Papa Urbano VIII는 예전부터 갈릴레이와 친분이 두터웠다. 또한 갈릴레이의 연구 후원자이기도 했다. 이 기회를 놓치지 않고 갈릴레이가 신임 교황에게 달콤한 제안을 했다. 아리스토텔레스와 코페르니쿠스의 가설을 모두 공평하게 다루는 새로운 책을 집필할 수 있게 해달라는 부탁이었다. 갈릴레이가 어떤 계략을 꾸미고 있는지 미처 생각지 못한 신임 교황은 순진하게 그의 출간을 허락했다. 그리고 바로 이것이 문제가 됐다.

완성된 결과물은 약속과 영 달랐다. 책의 내용이 완벽하게 편향적이었다. 아리스토텔레스를 순 엉터리로 만들어놓았던 것이다. 심플리치오는 아리스토텔레스와 교황청을 향한 갈릴레이의 분노와 실망이 한껏 반영된 캐릭터였다. 사실 이름부터 단순 무식한 멍청이라는 뜻이다. 시간이 지날수록 심플리치오가 사실 교황을 풍자한 캐릭터라는 소문이 퍼지면서 문제는 더 심각해졌다. 갈릴레이의 신간은 과학적 논쟁을 넘어 신성 모독 문제로 비화했다.

결국 갈릴레이는 1633년에 세 차례 재판을 받았다. 특히 앞서 1616년 교황청에서의 서약을 어기고 또다시 태양이 우주의 중심이라는 코페르니쿠스의 이단적 가설을 설파했다는 명목으로 유죄를 선고받았다. 최종 판결이 나올 때까지 긴 시간 동안 갈릴레이는 감옥 안에서 무릎을 꿇고 기다려야 했다. 그리고 자신의 위대한 발견을 모두 철회하겠다고 억지로 참회하고 나서야 풀려날 수 있었다.

> "태양이 우주의 중심이고, 지구가 우주의 중심에 있지 않고 움직인다는 거짓말을 전부 버릴 터이며, 앞으로는 절대 이단으로 의심받을 만한 그 어떤 것도 말과 글로 주장하지 않겠습니다."
>
> **_ 갈릴레오 갈릴레이**

교황청은 갈릴레이에게 평생 집 안에 갇혀 지내야 하는 종신 가택 연금형을 내렸다. 3년 동안 매주 7대 고해성사를 음송하라고도 명령했다. 게다가 그가 죽은 뒤에 묘비도 세우지 못하게 하고, 장례식도 금지하는 가혹한 처벌까지 추가했다. 갈릴레이의 형벌은 그가 사망한 후로도 이어졌다. 전설에 따르면 감옥을 걸어 나오던 갈릴레이가 아주 작은 목소리로 "그래도 지구는 돈다Eppur si muove"라고 푸념했다고 한다. 하지만 실제로 그런 말을 남겼다는 명확한 기록은 어디에도 없다. 대개 역사학자들은 도시 전설 정도로 취급한다.

흥미롭게도 갈릴레이가 사망하고 나서 한참 시간이 지난 1837년에 벨기에 출신 화가 유진 반 말데헴Eugene van Maldeghem

말데헴이 그린 갈릴레이의 초상화.
갈릴레이의 얼굴 왼쪽 벽 아래를 보면 희미하게
그 유명한 문장이 쓰여 있다.
(1837, 유진 반 말데헴)

이 그린 갈릴레이 초상화에서 그 문장을 발견할 수 있다. 초상화 속에서 지친 표정으로 앉아 있는 갈릴레이의 시선이, 벽에 그려진 태양을 중심으로 도는 지구 궤도를 응시한다. 그 아래를 가만히 들여다보면 흐릿하게 "그래도 지구는 돈다"라는 문장이 새겨져 있다. 아마 말데헴이 갈릴레이를 추억하면서, 그때 갈릴레이가 속으로는 이렇게 생각하지 않았을까 상상하며 그 나름의 유머를 남긴 것으로 보인다. 이 초상화 속 문장이 실제로 갈릴레이가 한 말이라고 와전되면서 유명해진 건 아닐까.

♫ ♫ ♫

갈릴레이에게 발견되어 인류의 우주관을 송두리째 뒤바꾼 목성 주변의 위성들은 오늘날 또 다른 방식으로 새로운 패러다임 전환의 무대가 되고 있다. 갈릴레이 이전까지 인류는 지구가 우주에서 유일하게 고정된 행성이자 가장 특별하고 권위 있는 세계라고 믿었다. 하지만 갈릴레이는 그렇지 않다는 실상을 보여주었다. 당시 사람들은 모든 별과 행성이 빠짐없이 오직 지구를 중심으로 돌고 있다고 생각했지만, 목성 주변의 위성은 그렇지 않았다. 이런 증거를 들어 갈릴레이는 지구가 특별하지 않다는 사실을 알려주었다.

이제 21세기 천문학자들은 목성 곁을 맴도는 위성에 지구 바깥의 외계 생명체가 있을 가능성을 염두에 둔다. 갈릴레이가 발견한 네 위성인 이오, 유로파, 가니메데, 칼리스토는 모두 단단한 얼음과 암석으로 뒤덮인 얼음 위성이다. 그런데 그 아래에 무척 두꺼운 지하 바다가 숨어 있다. 이미 천문학자들은 허블 우주망원경 Hubble Space Telescope으로 유로파 표면에 갈라진 크레바스 틈을 비집고 지하 바닷물이 우주 공간으로 뿜어져 나오는 장면을 목격했다. 유로파는 크기가 달보다 작지만, 그 안에 매장된 바닷물의 양은 지구 표면을 채운 바다를 다 모은 규모보다 훨씬 많을 것으로 추정한다. 액체 바다의 존재는 외계 생명체를 기대하게 만드는 아주 중요한 단서다. 지구야말로 생명체가 살 수 있는 유일하고 특별한 무대라고 생각해왔지만, 이제는 그 각별함마저 사라지고 있다. 천문학자들은 다시 한번 지구가 특별하지 않다는 사실을 보여준다.

얼음 위성 내부에 액체 바다가 존재할 수 있는 이유는 목성의 강한 중력 때문이다. 목성은 압도적인 중력으로 곁을 맴도는 얼음 위성들에 스트레스를 안긴다. 얼음 위성들은 조금씩 양옆으로 찌그러지고, 내부에 스트레스가 누적되면서 높은 온도가 유지된다. 그래서 내부에 얼음이 얼지 않은 채로 액체 바다가 존재할 수 있다. 이는 지구 바닷물이 달 중력에 붙잡힌 채 달과 같이 움직이면서 주기적인 밀물과 썰물을 발생시키는 것과 정확히 같은 원리다. 흥미롭게도 갈릴레이에게 중요한 영감을 준 밀물과 썰물이 이번에는 목성의 얼음 위성 내부에 숨겨진 바다 형태로 21세기 천문학자들에게 또 다른 영감을 주고 있는 셈이다.

2016년 7월 4일, 갈릴레이는 역사상 처음으로 자신이 연구한 행성 곁에 머무는 천문학자가 됐다. 그는 목성에 갔다. 물론 살아 있는 갈릴레이가 간 것은 아니다. 2011년 8월 5일 목성을 향해 주노Juno 탐사선이 떠났다. 주노(유노)는 신화 속에서 신의 왕인 주피터(유피테르)의 아내다. 더 익숙한 그리스신화로 비교하면 주피터는 제우스에, 주노는 제우스의 아내인 헤라에 해당한다. 2016년에 목성 궤도에 진입한 주노는 2025년까지 목성 곁에 머무르며 탐사한 궤도선이다. 목성 곁을 지키는 탐사선이기에 목성을 상징하는 신 아내의 이름을 붙였다. 천문학자들은 우스갯소리로 드디어 바람둥이 제우스를 감시하려고 아내가 찾아갔다고 한다.

주노 탐사선 안에는 특별한 승객 세 명이 함께 타고 있다. 하얗게 코팅한 작은 레고 장난감 세 개인데, 그 주인공은 목성을 상징하는 제우스, 주노를 가리키는 헤라, 그리고 목성을 계기로 패러다임의 전환을 가져온 천문학자 갈릴레이다. 레고 장난감들은 각 인물을 상징하는 물건을 손에 쥐고 있다. 제우스와 헤라는 각각 번개와 돋보기를 손에 들고 있다. 갈릴레이를 상징하는 레고는 한 손에 동그란 목성을, 다른 한 손에 기다란 망원경을 들고 있다. 목성 곁에서 위성을 발견하고 아리스토텔레스 우주관을 무너뜨리는 계기를 마련한 천문학자 갈릴레이는 이제 스스로 레고 크기의 초소형 위성이 되어 목성 주변을 맴돈다. 메디치 가문의 네 아들은 하늘에

주노 탐사선에 함께 올라탄 레고들.
왼쪽부터 순서대로 번개를 손에 쥔 제우스, 돋보기를 거머쥔 헤라,
그리고 망원경과 목성 모형을 들고 있는 갈릴레이다.
(2011, NASA)

겨우 이름만 걸어두었지만, 갈릴레이는 정말로 목성의 진짜 위성이 됐다.

인류 역사상 처음으로 망원경을 들어 올려 밤하늘을 가장 가까이서 들여다본 갈릴레이는 그로 인해 엄청난 핍박과 위협을 견뎌야 했다. 이후 한참 시간이 지나 1992년이 되어서야 당시 교황이던 바오로 2세Papa Giovanni Paolo II에게 사면받았다. 우주의 진실을 이야기한 대가로 목숨을 걸어야 했던 그 억울한 누명을 무려 400년이 지나서야 벗을 수 있었다.

갈릴레이는 1642년 1월 8일 아르체트리의 자택에서 조용히 세상을 떠났다. 하지만 장례식도 치를 수 없었기에, 그의 시신은 산타크로체 성당 작은 예배당 구석에 묻혔다. 다행히 갈릴레이가 세상을 떠나고 거의 100년이 지난 1737년에 피렌체 출신의 새로운 교황 클레멘스 12세Papa Clemente XII가 즉위하면서 갈릴레이의 시신은 더 제대로 된 무덤으로 옮겨졌다. 그런데 이 과정에서 갈릴레이의 치아와 척추뼈 하나 그리고 오른손의 엄지, 검지, 중지 세 손가락뼈가 사라지는 일이 벌어졌다. 범인은 갈릴레이를 열렬히 추종한 그의 제자들이었다. 갈릴레이 정신을 이어받고자 그가 살아 생전 망원경을 잡고 하늘을 가리켰을 손가락을 훔쳐간 것이다.

이후 그 사라진 손가락은 300년 가까이 종적을 감추었다. 그러다 2009년에 한 골동품 수집가가 우연히 발견했는데, 철저한 DNA 분석을 거친 끝에 갈릴레이의 손가락이 맞다는 결론이 났다. 그의 손가락은 시신과 함께 묻히지 않고 별도로 보관되어 세상에 공개됐다. 현재 이탈리아 피렌체에 있는 갈릴레오박물관Museo Galileo에 전시된 그의 손가락은 고급스러운 둥근 유리잔 안에서 하늘 저 높은 곳을 가리키고 있다. 목숨이 위협받는 상황에서도 우주가 드러내는 진실을 절대 포기하려 하지 않았던 갈릴레이의 굳은 결의가 느껴지는 듯하다.

모든 혁명은 손가락에서 이루어진다. 갈릴레이의 손가락은 망원경을 들어 올렸고, 우주를 향한 인류의 첫 질문을 던졌다. 그의 손끝에서 시작된 용기는 별과 별 사이에 숨은 진리를 드러내며, 밤하늘을 더 이상 어둠으로만 보지 않게 만들었다. 피아노 건반 위를 부드럽게 움직인 드뷔시의 손가락은 빛과 그림자의 경계를 넘나들며 춤을 췄다. 그의 손끝에서 피어난 선율은 규칙과 형식의 울타리를 벗어나 자유롭게 일렁이는 감정의 풍경을 그렸다.

과학과 예술의 혁명은 언제나 손가락에서 시작됐다. 뉴턴이 사과를 쥐고 중력을 고민한 손가락…. 소용돌이치는 별빛을 캔버스 위에 표현한 고흐의 손가락. 손가락은 작다. 하지만 우리가 봐야 하는 건 손가락 자체가 아니다. 손가락 끝이 가리키는 저곳이다. 그 끝에서 우리는 우주의 아름다움과 비밀을 하나씩 풀어냈다. 지금도 어딘가, 누군가의 손끝에서 새로운 혁명이 싹트고 있을 것이다.

불협화음Dissonance

질서와 작별하고 해방의 선율과 우주를 만나다

하이젠베르크 × 쇤베르크

3

베르너 하이젠베르크(1933)
아르놀트 쇤베르크(1927, Man Ray 촬영, Wikimedia Commons)

1939년 결혼을 앞둔 한 커플이 밤하늘 아래에서 산책을 하고 있었다. 남자가 작게 빛나는 별을 가리켰다. 그리고 약혼자에게 자신이 지구에서 별이 왜 빛나는지를 알고 있는 유일한 사람이라고 고백했다. 그로부터 며칠이 지난 3월 1일 남자는 『피지컬 리뷰Physical revie』에 밤하늘의 별이 빛나는 원리를 최초로 규명한 논문을 발표했다. 그 주인공이 바로 별 내부에서 일어나는 핵융합nuclear fusion 메커니즘을 밝혀낸 물리학자 한스 베테Hans Albrecht Bethe다.

별 내부는 온도와 압력이 극단적으로 높다. 원자들이 지구에서처럼 평화롭게 존재하지 않는다. 원자는 중심의 양성자 그리고 주변을 떠도는 전자로 이루어져 있다. 별 내부에서는 양성자와 전자가 완전히 분리되어 별개로 존재할 수 있다. 이런 상태를 플라스마plasma라고 한다. 별 내부 온도가 워낙 높다 보니 플라스마 입자들이 재빠르게 움직인다. 그러다 서로 빛에 가까운 속도로 부딪혀 충돌하며 더 무거운 원자핵으로 뭉쳐진다. 이런 핵융합 반응이 막대한 에너지를 만든다. 별의 불씨가 수십억 년 동안 꺼지지 않는 이유가 무엇인지 발견한 공로를 인정받아, 1967년 베테는 노벨물리학상의 주인공이 됐다. 하지만 별의 숙명을 내다본 베테도 자신의 운명은 미처 알지 못했다. 그가 약혼자에게 사랑을 속삭이며 이야기한 로맨틱한 발견은 결국 지구 역사상 가장 끔찍한 살상무기로 이어졌다.

별빛의 비밀을 밝혀낸 베테의 논문이 세상에 공개되고 얼마 후인 같은 해 8월에 프랭클린 루스벨트Franklin Delano Roosevelt 당시 미국 대통령 앞으로 한 통의 편지가 도착했다. 물리학자 레오 실라르드Leo Szilard의 주도로 작성된 편지였는데, 곧 실현될지 모르는 무시무시한 미래를 걱정하는 내용이 잔뜩 담겨 있었다. 실라르드는 조만간 우라늄에서 연쇄적 핵반응을 일으켜 한꺼번에 막대한 에너지와 폭발력을 발생시키는 일이 가능해질 것이라고 생각했다. 그러면 필연적으로 군사무기로 이어질 터였다. 실라르드가 그 폭발력을 계산해보니 그 무기를 배로 실어 나를 경우 항구 전체와 그 주변 도시까지 모조리 파괴할 수 있을 정도였다.

"저는 독일이 직접 사용하려고 체코슬로바키아의 우라늄 광산에 판매 금지 조치를 시행했다는 사실을 알고

Albert Einstein
Old Grove Rd.
Nassau Point
Peconic, Long Island

August 2nd, 1939

F.D. Roosevelt,
President of the United States,
White House
Washington, D.C.

Sir:

Some recent work by E.Fermi and L. Szilard, which has been communicated to me in manuscript, leads me to expect that the element uranium may be turned into a new and important source of energy in the immediate future. Certain aspects of the situation which has arisen seem to call for watchfulness and, if necessary, quick action on the part of the Administration. I believe therefore that it is my duty to bring to your attention the following facts and recommendations:

In the course of the last four months it has been made probable - through the work of Joliot in France as well as Fermi and Szilard in America - that it may become possible to set up a nuclear chain reaction in a large mass of uranium,by which vast amounts of power and large quantities of new radium-like elements would be generated. Now it appears almost certain that this could be achieved in the immediate future.

This new phenomenon would also lead to the construction of bombs, and it is conceivable - though much less certain - that extremely powerful bombs of a new type may thus be constructed. A single bomb of this type, carried by boat and exploded in a port, might very well destroy the whole port together with some of the surrounding territory. However, such bombs might very well prove to be too heavy for transportation by air.

-2-

The United States has only very poor ores of uranium in moderate quantities. There is some good ore in Canada and the former Czechoslovak while the most important source of uranium is Belgian Congo.

In view of this situation you may think it desirable to have some permanent contact maintained between the Administration and the group of physicists working on chain reactions in America. One possible way of achieving this might be for you to entrust with this task a person who has your confidence and who could perhaps serve in an inofficial capacity. His task might comprise the following:

a) to approach Government Departments, keep them informed of the further development, and put forward recommendations for Government action giving particular attention to the problem of securing a supply of uranium ore for the United States;

b) to speed up the experimental work,which is at present being carried on within the limits of the budgets of University laboratories, by providing funds, if such funds be required, through his contacts with private persons who are willing to make contributions for this cause, and perhaps also by obtaining the co-operation of industrial laboratories which have the necessary equipment.

I understand that Germany has actually stopped the sale of uranium from the Czechoslovakian mines which she has taken over. That she should have taken such early action might perhaps be understood on the ground that the son of the German Under-Secretary of State, von Weizsäcker, is attached to the Kaiser-Wilhelm-Institut in Berlin where some of the American work on uranium is now being repeated.

Yours very truly,
A. Einstein
(Albert Einstein)

루스벨트 대통령에게 전달된 실라르드-아인슈타인의 실제 편지.
편지 끝에 아인슈타인의 서명도 남아 있다.(1939)

있습니다. 독일이 이렇게 빨리 움직인 것은 아마도 독일 국가보안본부의 폰 바이츠제커Richard von Weizsäcker 같은 이들이 베를린의 카이저빌헬름협회Kaiser-Wilhelm-Institut에 미국이 우라늄으로 무언가를 하고 있노라고 보고했기 때문일 것입니다."

_ 실라르드-아인슈타인 편지

편지의 마지막 문단에서 실라르드는 특히 나치독일에 대해 경고했다. 그리고 독일이 먼저 그 무기를 손에 넣기 전에 미국이 서둘러 개발해야 한다고 주장했다. 실라르드는 루스벨트 대통령을 설득하려고 당시에도 이미 저명한 물리학자인 아인슈타인에게 서명을 부탁했다. 평화주의자인 아인슈타인은 핵무기가 실현되지는 못할 것이라고 안일하게 생각하던 터여서, 처음에는 한 나라의 대통령에게 무기 개발을 독촉하는 이 편지에 서명하기를 꺼렸다. 하지만 결국 끈질긴 설득 끝에 그러자고 허락했다.

2차 세계대전이 한창이던 1942년, 마침내 미국은 핵무기 개발을 위해 비밀리에 맨해튼 프로젝트Manhattan Project를 조직했다. 별이 왜 빛날 수밖에 없는지를 처음 밝혀낸 베테도 이 프로젝트에 차출됐다. 말 그대로 밤하늘의 별이 빛날 수 있도록 막대한 에너지를 만들어내는 별 내부의 핵융합 원리를 활용하여 살상무기로 재탄생시키는 시도였다. 아름다운 별빛을 지상으로 옮긴 결과물이 역사상 가장 잔인하고 참혹한 모습이 됐다는 사실은 인류 역사의 가장 슬프고 극적인 아이러니일 것이다. 별빛 속에는 사랑하는 연인과 속삭이던 아름다운 추억뿐 아니라 차갑고 잔혹했던 냉전의 기억도 함께 타오르고 있다. 똑같은 별빛이건만 누군가에게는 천국이 되고, 다른 누군가에게는 지옥이 된다.

20세기 초에 세상은 격변의 시기를 보내고 있었다. 두 차례에 걸쳐 큰 전쟁을 치르는 동안 전통적인 세계관이 모두 파괴됐다. 무너진 세상을 빠르게 재건하려면 새로운 질서가 필요했다. 더는 과거의 안정된 질서에만 안주할 수 없었다. 이런 혼란은 예술과 과학, 철학에 이르는 모든 영역에서 새로운 사고방식이 태동하도록 이끌었다. 이것은 더 이상 배부른 철학자들만의 문제가 아니었다. 모두의 생존 문제가 됐다. 살아남기 위해 창조가 강요되는 시대였다. 역사와 전통은 그 권위를 의심받았다. 심지어 아름다움이란 무엇인가에 관한 가치조차 위협받기 시작했다.

♫ ♫ ♫

오랫동안 음악은 자연의 아름다운 풍경을 인간의 악보 위로 옮기는 작업이었다. 종달새 울음소리, 시냇물 흐르는 소리, 나뭇잎을 간지럽히는 바람 소리처럼 애초 아름답다고 여기던 대상에 단지 멜로디를 붙여서 표현한 결과물일 뿐이었다. 당연히 음악은 태생적으로 아름다움의 예술이었다. 그런데 20세기에 접어들면서 지구 풍경이 빠르게 뒤집혔다. 산업혁명이 푸른 숲을 밀어버리고, 세상을 기계와 공장이 지배하는 도시 사회로 변모시켰다. 증기기관이 뿜어내는 소리, 공장 기계가 규칙적으로 돌아가는 리듬, 거기에 끊임없이 움직이는 도시의 에너지가 새로운 시대의 배경음을 만들었다.

20세기 오스트리아 출신 작곡가 아르놀트 쇤베르크Arnold Schoenberg(1874~1951)는 이런 변화 속에서 음악의 본질을 고민했다. 음악은 무엇인가? 나를 둘러싼 세상과 풍경의 소리를 음으로 옮기는 예술이다. 쇤베르크는 세상 풍경이 바뀐다면, 이제 음악이 향하는 대상도 달라져야 한다고 생각했다. 오스트리아 빈의 궁정에서 울려 퍼지는 연주자들의 하모니는 더는 진실을 담지 못했다. 도심 속 노동자들과 호흡을 맞추며 돌아가는 기계의 심장박동, 전장에서 터지는 대포 소리와 총성이야말로 세상의 진실이었다. 다른 이들에게는 듣기 싫은 소음일지언정 쇤베르크에게는 새로운 영감의 재료였다.

쇤베르크는 가난한 유대인 집안에서 태어났다. 어린 시절에 작곡가 알렉산더 폰 쳄린스키Alexander von Zemlinsky에게 잠깐 과외를 받은 것 말고는 음악과 관련한 별다른 정규교육을 받지 않았다. 그래서 평생 독학으로 음악을 익혔다. 기존 제도권 음악교육의 때가 묻지 않았기에 쇤베르크는 다른 음악가들보다 더 과감하게 용기를 낼 수 있었을 것이다. 사실 쇤베르크 음악이 처음부터 기괴하지는 않았다. 스물다섯 살 젊은 시절에는《정화된 밤Verklärte Nacht, Op.4》처럼 기존 낭만주의 사조를 따르는 음악도 만들었다. 현악 6중주곡으로, 깊고 서정적인 선율이 마음을 움직인다.

쇤베르크가 본격적으로 새로운 음악을 실험하기 시작한 것은 1908년부터다. 이미 많은 음악가가 기존 고전음악을 탈피하려고 노력하던 시절이었다. 틀에 박힌 조성 규칙을 무너뜨리고 화음 사이사이에 불협화음을 뒤섞었다. 원래 불협화음은 메인 음식에 곁들이는 일종의 가니시일 뿐이었다. 음악의 풍미를 끌어올리기 위해 중간중간 불협화음을 가미할 수는 있어도, 음악이 끝날 때는 다시 고전적 화음으로 돌아와서 편안하게 마무리해야 했다. 하지만 20세기에 접어들면서 음악가들은 그런 규칙조차 따르지 않았고, 마지막 부분에서까지 불협화음을 그대로 방치하기도 했다. 사실 여기에는 작곡가의 의도라기보다는 어쩔 수 없는 현실적 측면도 있었다. 다름을 위한 다름에 집착한 채 음악은 계속 복잡해졌고, 그러다 보니 중간에 가미하던 불협화음을 제대로 해소하지 못하는 지경에 이른 것이다.

쇤베르크는 이런 문제를 해결할 혁명적인 해답을 찾아냈다. 음악에서 조성 자체를 소멸시키면 될 것 아닌가. 무엇이 화음이고 불협화음인지를 정의하는 것은 결국 조성의 틀 안에 갇혀 있기에 빠져들게 되는 고민이다. 애초에 조성 자체가 성립하지 않으면 굳이 불협화음을 해소하려고 화음으로 되돌아갈 이유가 없다. 조성이 없는 음악에서는 화음과 불협화음을 구분하는 일 자체가 의미 없기 때문이다. 이런 측면에서 쇤베르크 음악은 비슷한 시기에 원자들의 미시 세계를 탐구한 물리학자들과 통한다. 입자와 파동을 구분해봐야 별 의미가 없다는 사실을 알게 된 물리학자들은 둘 사이 경계를 허물었다. 마찬가지로 쇤베르크는 화음과 불협화음을 구분하게 만들던 기준 자체를 허물고 새로운 차원의 화해를 이루어냈다.

조성은 음악 전반의 분위기를 결정하는 데 중심 역할을 하는 으뜸음으로 결정된다. 예를 들어 처음 피아노를 배울 때 가장 쉽게 만날 수 있는 C장조C major는 도를 으뜸음으로 한다. 이 으뜸음을 중심으로 잘 어울리는 화음이 결정된다. 음악이 시작되고 끝날 때 일관된 분위기를 유지하기 위해 대개 으뜸음이나, 으뜸음을 활용한 화음으로 마무리한다. 반드시 그렇다고는 할 수 없지만, 으뜸음은 악보에서 가장 빈번하게 등장하는 음이라고 할 만하다. 마치 대통령 연설문에 어떤 단어가 가장 많이 나타나는지를 근거로 삼아 연설 기조를 판단하듯, 으뜸음에는 곧 전체 분위기를 결정하는 권위가 있다.

악보 위에 모든 음이 똑같은 빈도로 등장하면 무엇이 으뜸음인지 알 수 없다. 피아노에서 한 옥타브에 해당하는 흰색과 검은색 건반은 음이 열두 개다. 이 열두 음을 모두 한 번씩 사용해서 하나의 음렬을 구성하면 모두가 주인공이고, 동시에 모두가 그렇지 않은 상태가 된다. 쇤베르크는 모든 음을 동등한 가치로 대우하는 음의 민주주의를 선언했다. 그래서 쇤베르크 음악은 마치 누구나 같은 목소리를 가질 권리가 있다는 철학적 메시지를 호소하는 듯 느껴진다. 이것을 '쇤베르크의 12음기법Zwölftontechnik'이라고 한다.

하지만 이것만으로는 부족하다. 열두 개의 음을 무작위로 누르다 보면 우연히 익숙한 화음이 흘러나올 수도 있다. 반음 또는 온음 간격을 두고 떨어져 있는 인접한 음을 한두 번만 연이어 누르면 금방 화음이 만들어지기 때문이다. 실제로 피아노를 전혀 칠 줄 모르는 사람도 임의로 건반을 누르다 보면 불협화음보다 화음을 만들어낼 확률이 더 높다고 한다. 침팬지가 무작위로 타자기를 치다가 우연히 셰익스피어 희곡을 완성할 확률보다 훨씬 높다. 따라서 익숙한 기존 화음을 모두 섬세하게 피하려면 의도적인 조작이 필요하다.

쇤베르크는 어떤 화음도 존재하지 않도록 열두 개의 음을 배열해서 하나의 음렬을 구성했다. 숫자가 쭉 이어진 것을 수열이라고 하듯, 음이 쭉 나열된 하나의 세트를 음렬이라고 한다. 흥미롭게도 극단의 랜덤은 아무렇게나 방치한다고 완성되지 않는다. 우연은 필연적으로 패턴을 남기기 때문이다. 마치 무작위로 흩뿌려진 별들 속에서도 은하 형태가 드러나는 것처럼, 혼돈 안에도 질서의 흔적이 스며든다. 그래서 그는 랜덤을 의도적으로 만들었다. 쇤베르크 음악에서는 잠재된 의도가 우연을 가장한다.

하지만 음렬 하나만으로는 곡 한 편을 구성할 수 없다. 다양한 음렬이 어우러져야 한다. 그렇다고 매번 음을 의도적인 무작위로 배치해서 새로운 음렬을 만들려니 머리가 아프다. 여기서 쇤베르크는 제법 수학적인 해법을 찾아냈다. 가장 먼저 만든 음렬을 역순으로 또는 위아래로 뒤집는다. 아니면 거울에 비춘 것처럼 아예 상하좌우를 전부 뒤집는다. 그러면 음렬 하나만으로 총 네 세트가 만들어진다.

아울러 원래 음렬에서 모든 음을 한 음씩 높이거나 낮추는 방법도 활용했다. 결국 화음이란 인접한 음과 음 사이 간격의 차이로 결정되는 문제다. 따라서 음렬을 이루는 모든 음을 통째로 높이거나 낮추면 여전히 아무런 화음도 형성되지 않는 상태를 유지할 수 있다. 한 옥타브는 열두 개의 음으로 이루어진다. 그래서 각 음을 높이거나 낮추면 총 열두 세트가 만들어진다. 음렬을 뒤집는 방식 네 가지에 각 음을 높이거나 낮추는 방식 열두 가지를 모두 고려하면, 처음 만든 음렬 하나를 응용해서 총 $4 \times 12 = 48$가지 음렬을 구성할 수 있다. 이렇게 짜놓은 음렬을 이제 적당히 배치하면 충분히 작품 하나를 채울 수 있다.

사람들은 쇤베르크 작품을 조성이 사라졌다는 뜻에서 무조음악atonal music이라고 불렀다. 하지만 정작 쇤베르크 본인은 그렇게 불리는 것을 탐탁치 않게 여겼다. 무조가 자신의 음악을 그저 무질서하고 혼란스럽다고 폄하하는 표현이라고 생각해서다. 쇤베르크 음악은 단순히 조성을 부정하는 것이 아니라 조성을 확장시키는 범조성 음악pantonal music이었다.

> "각 음 사이의 어떤 관계를 무조라고 부르는 건 각 색 사이의 관계를 무스펙트럼 또는 무보색이라고 말하는 것만큼 부당하다. 그런 대립은 존재하지 않는다."
>
> **_아르놀트 쇤베르크**

쇤베르크가 1908년에 완성한 《현악 4중주 제2번 F♯단조String Quartet No. 2 in F♯ minor, Op. 10》는 그의 음악 여정에 중요한 이정표로 남은 곡이다. 쇤베르크가 가장 좋아한 독일 시인 슈테판 게오르게Stefan Anton George의 시 〈황홀경Entrückung〉을 노래한 작품인데, 게오르게는 음악을 시와 비교해 열등한 2차 예술로 여겼다. 그는 시가 이미 음악의 예술적 특성을 흡수했으며, 철학적으로 더 높은 수준에 도달했다고 믿었다. 그런데도 쇤베르크는 음악 멸시론을 펼친 시인을 동경했다. 이 점에서 우리는 쇤베르크가 새로운 음악 세계를 탐구하며 발휘한 포용력을 엿볼 수 있다.

이 작품은 쇤베르크가 조성음악에서 무조음악으로 넘어가는 과도기의 초상이라고 할 수 있다. 처음 두 악장은 전통적 조성에 발을 딛고 시작한다. 첫 악장은 F♯단조, 둘째 악장은 D단조를 기반으로 전개되지만, 익숙함은 여기까지다. 셋째 악장으로 넘어가면 조성의 경계가 점차 흐릿해지고, 마지막 악장에서는 마침내 조성이 완전히 사라지며 낯설고 신비로운 무조의 우주가 펼쳐진다. 물론 중간중간 익숙한 조성체계의 화음이 반짝 하고 등장하기는 한다. 그러나 이는 무조의 혼돈 속에서 길을 잃지 않도록 울리는 작은 자명종과 같다. 조성이 완전히 사라졌다는 사실조차 잊지 않게 하려는 쇤베르크의 세심한 배려인 셈이다. 쇤베르크가 영감을 받은 게오르게의 시 첫 문장이 그의 음악의 본질을 가장 명쾌하게 보여준다.

> "나는 다른 행성에 온 듯한 공기를 느낀다."
>
> _ 슈테판 게오르게

《현악 4중주 제2번》

Arnold Schönberg Center _ Youtube

1913년 3월 31일, 오스트리아 빈에서 쇤베르크가 지휘하는 공연이 열렸다. 이날 공연에는 10대 시절부터 쇤베르크에게 직접 12음기법을 전수받은 그의 두 제자 알반 베르크Alban Maria Johannes Berg와 안톤 베베른Anton von Webern이 함께 음악을 선보였다. 베르크와 베베른은 쇤베르크와는 또 다른 방식의 12음기법으로 음악을 만들었다. 쇤베르크에게 작곡 과외를 했던 쳄린스키도 함께 무대에 올랐다. 당시 공연 리플릿에 따르면 가장 마지막인 다섯 번째 순서에 빈에서 걸출한 지휘자로 이름을 날리기도 한 구스타프 말러Gustav Mahler가 연주할 예정이었다. 하지만 말러의 연주가 시작되기도 전에 공연은 난장판으로 끝나버렸다.

관객에게 쇤베르크 일당이 선보인 12음기법 음악은 더없이 난해했다. 마치 기괴한 소음처럼 들렸다. 결국 네 번째 순서로 베르크의 연주가 진행되는 동안 관객들이 폭발해버렸다. 비싼 돈을 내고 고막을 고문당해야 하는 이 상황을 납득하지 못했다. 관객들은 당장 작곡가들을 정신병원에 집어넣어야 한다며 반발했다. 공연을 주최한 오스트리아 극작가 에어하르트 부슈베크Erhard Buschbeck는 객석에 있던 오스트리아의 또 다른 작곡가 오스카 슈트라우스Oscar Straus와 주먹다짐을 했고, 결국 경찰까지 출동했다. 그래서 '스캔들 콘서트Skandalkonzert'로 알려진 이날 공연에는 '폭행 콘서트Watschenkonzert'라는 불명예스러운 별명이 붙었다. 경찰 조사에서 슈트라우스는 부슈베크가 자신을 때릴 때 났던 소리가 그날 밤 가장 조화로운 소리였다고 비아냥거렸다. 다음 날 독일신문 〈디 차이트Die Zeit〉는 이 공연에서 벌어진 소동을 보도하며 아주 익살스러운 삽화를 실었다. 홀로 외로이 지휘를 이어가는 쇤베르크를 둘러싸고 관객과 연주자들이 각자 악기와 보면대를 휘두르며 한바탕 싸움을 벌이는 그림이었다.

이 사건이 있고 나서 불과 2개월 만에 파리 샹젤리제 극장에

1913년 ‘문제의 공연’을 묘사한 〈디 차이트〉의 삽화

서 이고르 스트라빈스키Igor Stravinsky가 〈봄의 제전Le Sacre du printemps〉 초연을 올렸고, 다시 한번 관객들의 폭동이 반복됐다. 20세기 초는 음악가들의 과감한 실험과 그것을 받아들이지 못하는 관객 사이에서 살벌한 갈등이 끊이지 않는 대혼돈의 시기였다.

《봄의 제전》

London Symphony Orchestra _ Youtube

♫ ♫ ♫

혼돈은 음악 영역에만 머무르지 않았다. 같은 시대에 우주의 심연을 응시하며 새로운 혼돈을 발견한 젊은 물리학자가 있었다. 바로 양자역학 개척자인 베르너 하이젠베르크Werner Heisenberg (1901~1976)다. 그는 자연의 가장 작은 숨결인 원자의 움직임 속에서 보이지 않는 선율을 들으려 했다. 그의 연구는 뉴턴과 아인슈타인이라는 두 거장이 쌓아올린 고전물리학의 확고한 틀을 깨트렸다. 불확실성과 가능성이 교차하는 새로운 우주에서 춤을 췄다. 나아가 상상하기 어려울 정도로 거대한 우주의 탄생이 눈에 보이지도 않을 만큼 작은 세상과 연결되어 있다는 사실의 놀라운 단서를 보여주었다. 거시적 관점에서 하이젠베르크는 물리학자이지만, 미시 세계 관점에서 보면 천문학자이기도 했다. 마치 혼돈 속에서 질서를 찾아 헤맨 쇤베르크처럼, 하이젠베르크는 단순히 자연법칙을 기록하는 차원을 넘어 그 안에서 피어나는 아름다움을 노래하려 했다.

> "인간은 별에 비하면 너무 작고, 원자에 비하면 너무 크다."
>
> _ 셸던 리 글래쇼

이 세상 모든 것은 원자로 이루어져 있다. 원자를 고민한 역사는 기원전 300년 즈음까지 거슬러 올라간다. 고대 그리스 철학자 데모크리토스Democritus는 세상에 있는 모든 것을 잘게 쪼개다 보면 언젠가는 더 나눌 수 없는 가장 작은 단위에 도달할 것이라고 생각했다. 단순히 칼이 두껍고 무뎌서 자르지 못하는 것이 아니다. 애초 더 자를 수 없는 궁극의 최소 단위를 가리킨다. 그래서 그리스어로 '쪼개다'를 뜻하는 토모스tomos 앞에 부정관사 a를 붙여서 쪼갤 수 없다, 곧 '아토모스atomos'라고 이름을 지었다. 오늘날 우리가 아톰atom이라고 부르는 원자 개념은 이렇게 탄생했다.

그렇다면 눈에 보이지 않을 정도로 미세한 원자는 대체 얼마나 작은 걸까? 가장 작은 수소 원자는 크기가 10의 -10제곱미터다. 이것이 얼마나 작은 크기인가 하면, 예를 들어 수소 원자 하나를 10원짜리 동전만 하게 키웠을 때 같은 비율로 10원짜리 동전을 늘리면 무려 지구 정도 규모가 된다. 수소 원자 하나의 처지에서 10원짜리 동전을 보면 마치 그 동전이 지구를 향해 느끼듯 아주 거대하게 다가올 것이다.

20세기 초에 물리학은 전환점을 맞이하던 참이었다. 물리학은 물체의 움직임을 이야기하는 학문이다. 뉴턴이 구축한 고전물리학은 오랫동안 지구에서 일어나는 모든 물체의 움직임을 성공적으로 설명했다. 나아가 아인슈타인의 상대성이론은 시간과 공간이 어떻게 얽혀 있는지를 들여다보았고, 더욱 거시적이고 천문학적인 수준에 이르기까지 완벽하게 물체의 운동을 밝혀냈다. 하지만 눈에 보이지 않는 원자들의 미시 세계에서는 여러 모순이 생겼다. 뉴턴과 아인슈타인조차 미시 세계에서는 바보가 된다.

고전역학의 질서에는 아주 중요한 전제가 필요하다. 물체의 위치와 운동 상태, 즉 매 순간 물체가 정확히 어느 위치에 있는지, 그리고 얼마나 빠르게 어느 방향으로 움직이는지를 모두 정확히 파악할 수 있어야 한다는 전제조건이다. 굴러가는 당구공을 보고 1초 뒤에 당구공이 어디에 있을지 알 수 있는 건 매 순간 당구공을 지켜보면 정확히 어느 지점을 지나고 있는지 파악할 수 있다는 믿음이 있기 때문이다. 오랫동안 물리학자들은 미시 세계도 별반 다르지 않을 것이라고 착각했다. 단지 크기가 워낙 작아서 지켜보기 까다로울 뿐, 어쨌거나 정밀한 도구만 있으면 원자들의 정확한 위치와 속도를 잴 수 있을 테니 원자들의 움직임도 고전역학으로 기술할 수 있으리라고 기대했다.

원자의 정확한 위치와 속도를 잰다는 것은 결국 원자를 관찰한다는 뜻이다. 하이젠베르크는 바로 여기에서 거시 세계와 다른 문제가 벌어진다고 생각했다. 그리고 일명 '하이젠베르크의 현미경Heisenberg's microscope'이라는 사고실험을 고안하여 어째서 원자의 정확한 위치와 속도를 동시에 분명히 알 수 없는지를 설명했다. 무언가를 관찰하려면 대상에 반사된 빛을 봐야 한다. 원자는 원체 작기 때문에 최대한 정확히 위치를 파악하려면 파장이 아주 짧은 빛을 비춰야 한다. 바로 여기에서 문제가 발생한다. 파장이 짧은 빛은 에너지가 크다. 그래서 빛을 원자에 비추는 순간, 원자 자체의 움직임에 변화를 준다. 빛이 닿기 전에 원자가 얼마나 빠르게 움직이고 있었는지를 알 수 없게 되는 것이다.

이번에는 반대로 원자의 운동 상태를 정확히 알기 위해 파장이 길어서 최대한 에너지가 작은 빛을 비춘다고 생각해보자. 그러면 원자를 거의 건드리지 않기 때문에 원자의 속도를 꽤 정확히 알아낼 수 있을는지 모른다. 하지만 빛의 파장이 너무 길어서 원자의 정확한 위치를 파악하기는 어렵다. 이처럼 우주는 원자의 정확한 위치와 속도라는 두 마리 토끼를 모두 잡도록 허용하지 않는다. 원자의 위치를 정확히 짚어내자니 속도를 알기 어렵고, 속도를 정확히 파악하자니 위치를 확인하기 어렵다.

하이젠베르크가 1927년 논문에서 발표한 '불확정성 원리uncertainty principle'는 우주가 미시 세계에서는 더 이상 정확한 측정을 허락하지 않는다는 당황스럽고 슬픈 사실을 보여준다. 그로부터 불과 5년밖에 지나지 않은 1932년에 그는 진정한 의미에서 양자역학을 창시한 공로를 인정받아 노벨물리학상을 수상했다. 불확정성 원리는 단순히 측정 도구의 한계를 짚는 이론이 아니다. 아무리 정밀한 도구로 측정을 시도하더라도 절대 넘볼 수 없는 우주 본질의 한계를 이야기한다. 불확정성 원리는 우주를 음악처럼 바라본다. 음악은 분명 존재한다. 피아노 건반을 누르면 소리의 파동이 공기를 타고 객석으로 전달된다. 하지만 그 음악 소리가 정확히 어디에 위치하는지 좌표를 콕 집어 이야기할 수는 없다. 손에 음악을 쥘 수는 없다. 음악이 사방으로 퍼지면서 동시에 여러 곳에 존재하기 때문이다.

뉴턴의 세계에서 굴러가는 당구공의 미래를 그 과거에서 정확히 내다볼 수 있었던 이유는 매 순간 당구공이 정확히 한 위치에만 존재한다고 확신할 수 있었기 때문이다. 만약 당구공 하나가 동시에 여러 곳에 존재한다면 우리는 당구공이 정확히 어느 위치에 놓여 있는지 말할 수 없다. 당구공의 정확한 위치라는 것 자체가 애초에 정의되지 않는다. 다행히 당구공처럼 큼직한 존재는 이런 불확실성을 드러내지 않는다. 하지만 원자의 미시 세계로 가면 상황이 급변한다. 원자는 불확실성을 드러내는 데 전혀 개의치 않는다. 파동으로서 자신의 면모를 최대한 발휘한다. 원자는 입자이며 파동이다. 음악도 그렇듯, 원자도 손에 쥘 수 없다.

르네상스, 바로크, 낭만주의 그리고 드뷔시가 꽃피운 인상주의를 거치면서 음악은 형식을 벗어나려고 몸부림쳤다. 고대 수학자들이 만든 각 잡힌 체계 속에 갇혀 있던 음악은 이제 규칙을 거부하려고 반항하는 자세를 최고의 미덕으로 여기게 됐다. 그런데 쇤베르크는 반항을 극대화하기 위해 오히려 훨씬 수학적이고 정교한 규칙을 만들었다. 수학과 결별하기를 꿈꾸던 음악은 두 번의 밀레니엄을 지나고 나서야 수학과 재회했다. 쇤베르크는 음악을 계산한 수학자였다. 쇤베르크 음악은 일종의 알고리즘 예술이다.

한편 하이젠베르크는 철저한 수학적 체계로 점철되어 있던 물리학을 음악으로 승화시켰다. 그는 우주에서 가장 작은 존재가 연주하는 멜로디에 귀를 기울였다. 기존 과학은 우주를 정확하게 측정할 수 있다고 자신했다. 한 치의 예외도 허용하지 않았고, 모두 일관된 규칙에 따라 작동한다고 주장했다. 하지만 원자들의 미시세계를 들춰보니 그런 기대가 통하지 않았다. 하이젠베르크는 얼마나 정확한지가 아닌 얼마나 부정확한지를 이야기하는 새로운 과학을 만들었다.

> "카오스는 자연의 질서였고, 질서는 인간의 꿈이었다."
> **_ 헨리 애덤스**

쇤베르크는 음악을 수학으로 승화시켰고, 하이젠베르크는 수학을 음악으로 빚어냈다. 두 사람은 서로 극과 극에 서 있었지만, 묘하게도 같은 지점을 향해 다가갔다. 그들은 비슷하면서도 동시에 서로의 반대편에 자리한 존재였다. 이들의 관계는 한편으로 모순적이지만, 바로 그 모순 속에서 우주와 인간 존재의 아름다움을 드러낸다. 쇤베르크와 하이젠베르크의 존재 자체가 우주 질서 이면에 숨은 대립과 조화를 은유하고, 그들의 삶은 우리가 본질적으로 품은 아이러니를 예술적으로 증명한다.

♫ ♫ ♫

쇤베르크는 두 차례 세계대전을 온몸으로 겪었다. 1차 세계대전이 터지자, 작곡을 멈추고 혼란의 시대에서 잠시 침묵할 수밖에 없었다. 2차 세계대전의 먹구름이 드리우기 전에 이미 유대인을 탄압하는 칼날이 그의 삶에 직접 닿기 시작했다. 유대인 부모 곁에서 자란 쇤베르크는 재직하던 학교를 떠나야 했고, 숨막히는 세상의 변화를 마주하며 깊은 고민에 빠졌다.

결국 자신의 모든 것을 뒤로하고 미국으로 떠나기로 결심했다. 그간 이룩한 업적과 명성, 삶의 터전까지 모두 포기한 채 새로운 세계로 도피하자고 마음먹은 것이다. 당시 사람들은 그의 선택을 과장된 두려움으로 치부하며 비웃었지만, 쇤베르크는 다가오는 파국을 예감했다. 그리고 그의 불길한 예감은 현실이 됐다. 새로운 전쟁의 비극이 온 유럽을 집어삼키며, 그의 선택이 단순한 유난스러움이 아니었음을 증명했다.

쇤베르크가 고통스러운 결단을 내리던 무렵, 하이젠베르크는 그와 정반대 길을 선택했다. 1933년 나치독일의 요제프 괴벨스Paul Joseph Goebbels가 베를린 베벨광장에서 도서관에 있던 책 1만5000여 권에 불을 지르는 '베를린 분서' 사건을 일으켰다. 나치는 자신들의 이데올로기에 맞지 않는 학문과 인물을 제거하며 일명 '독일 정화Säuberung'를 실행했다. 과학도 여기서 자유로울 수 없었다. 아인슈타인을 비롯한 수많은 유대인 과학자가 대거 해고당하거나 다른 나라로 도피해야 했다.

나치 과학자들은 아인슈타인의 이론을 토대로 삼는 상대성이론과 양자역학을 '유대 물리학Jewish physics'이라 부르며 공격했다. 하이젠베르크는 양자역학 선구자였고, 유대 물리학 계승자라는 비판에서 자유로울 수 없었다. 1927년에 이미 라이프치히대학교에 정교수로 부임한 터였고, 대학에 입학하고 나서 불과 7년 만에 독일 역사상 최연소로 정교수가 될 만큼 촉망되는 젊은 물리학자였다. 하지만 나치를 지지하던 물리학자들은 그에게 '백색 유대인White Jew'이라는 낙인을 찍었고, 대학 강단에 오르지 못하도록 방해했다.

하이젠베르크는 새로운 위협 앞에서 떠나는 대신, 조국에 남아 나치정권과 타협하는 길을 선택했다. 선구적 물리학자들이 연이어 독일을 떠나면서 과학이 무너지고 있었기에 그 잔해 속에서 독일 물리학을 지키고자 홀로 남았던 것이다. 그의 선택은 단순한 충성이 아니었다. 조국의 학문적 유산을 보호하려는 고뇌 어린 결단이었다.

마치 운명처럼, 하이젠베르크의 어머니는 나치정권 권력자인 하인리히 힘러Heinrich Luitpold Himmler의 어머니와 오랜 친분이 있었다. 이 인연은 한 줄기 희미한 빛이 되어 하이젠베르크의 편지를 힘러에게 인도했다. 힘러가 그를 슈츠슈타펠Schutzstaffel, SS(친위대) 본부 지하 심문실로 불러들였다. 어두운 벽에 메아리치던 대화 속에 하이젠베르크는 자신의 신념을 풀어냈다. 동료 과학자들이 그가 이룩한 과학적 성과와 명망을 증언하며 그의 결백을 옹호했다. 1938년, 힘러는 결국 긴장이 잔뜩 묻은 서류 위에 하이젠베르크의 자유를 승인하는 서명을 남겼다.

1938년 독일 화학자 오토 한Otto Hahn이 우라늄 원자핵이 더 작은 조각으로 쪼개지는 핵분열 현상을 발견했다. 이 현상은 막대한 방사능과 에너지를 만들어냈고, 곧 새로운 군사무기의 가능성으로 이어졌다. 나치독일은 1939년 9월 1일에 폴란드를 침공하는 한편, 비밀리에 새로운 무기 개발을 위한 프로젝트를 시작했다. 우라늄 클럽이라는 의미로 우란베라인Uranverein이라고 명명한 프로젝트였다.

우라늄 원자핵에 중성자가 부딪히면, 거대한 질량을 지닌 우라늄 원자핵이 작은 조각들로 분열한다. 이때 새로운 중성자 두 개와 함께 엄청난 에너지가 방출된다. 방출된 중성자가 주변에 있는 다른 우라늄 원자핵과 부딪히면서 다시 분열을 일으키는데, 이 과정이 끊임없이 반복된다. 이렇게 핵분열이 도미노처럼 연쇄적으로 일어나는 현상을 연쇄반응chain reaction이라고 한다. 우란베라인은 고농축 우라늄의 이런 연쇄반응을 통제 가능한 무기로 만드는 것이 그 궁극의 목표였다. 하이젠베르크는 이 프로젝트의 중심이 되어 나치독일의 과학적 야망을 구현할 핵심 인물로 떠올랐다. 세계는 점차 독일이 역사상 가장 파괴적인 무기를 손에 넣을지도 모른다는 공포에 휩싸였다. 그 불안감은 결국 미국이 핵무기 개발 경쟁에 뛰어들게 만드는 직접적 계기가 됐다.

이런 흐름 속에서 정작 하이젠베르크의 내면은 복잡한 갈등으로 뒤얽혔다. 핵무기 개발에 필요한 자원과 시간이 얼마나 방대하고 까다로운지 이해하고 있었기 때문이다. 하이젠베르크는 전쟁이 끝나기 전까지 나치독일이 실질적 무기를 완성하는 것이 불가능하다고 판단했다. 그는 단순히 과학적 한계를 인정하는 수준에 그치지 않았다. 전쟁이 끝난 뒤, 나치 부역자를 대상으로 시행된 조사에서 자신이 의도적으로 프로젝트 진행을 지연시켰다고 주장했다.

이 주장에 따르면, 그가 핵무기를 만드는 데 필요한 핵심 실험을 일부러 진행하지 않아서 결국 독일이 연쇄반응을 완벽하게

1955년 4월 15일
코드네임 그레이블이라는 이름 아래 미국 네바다에서 원자폭탄 실험이
진행됐다. 당시 원자폭탄이 폭발하던 순간의 눈부신 섬광을 지켜보는 연구진.

구현하지 못했다고 한다. 하이젠베르크는 핵분열 기술이 파괴적 무기가 아닌 원자력 발전이라는 평화로운 목적에 쓰여야 한다고 강조했다. 실험보다 이론적 연구에 더 많은 관심을 쏟았고, 핵심 기술인 우라늄 농축과 플루토늄 생산 과정을 의도적으로 누락시키는 등 프로젝트 성공을 사실상 방해했다는 얘기였다.

하이젠베르크의 진정한 속내가 무엇이었는지, 그의 선택이 정녕 의도적인 것이었는지를 놓고 논란이 여전하다. 그는 조국에 남아 과학을 지키고자 한 애국자였을까? 아니면 그저 타협하고 시대에 굴복한 부역자였을까? 정확히 알 수는 없지만, 적어도 그가 과학의 힘이 인간에게 가져다줄 빛과 어둠을 누구보다 깊이 이해한 사람이었다는 점만은 확실하다.

핵무기라는 끔찍한 비전은 나치독일에서 처음 구상했지만, 저들은 끝내 그 야망을 손에 넣지 못했다. 대신 독일의 위협에 질린 미국이 두려움 속에 사력을 다해 핵개발 경쟁에서 승리를 거머쥐었고, 1945년 8월 6일 일본 히로시마 하늘 아래서 그 결과가 세계 앞에 드러났다. 인류 역사상 처음으로 핵무기의 파괴적인 위력이 실현된 죽음의 시연이었다. 그 소식이 독일 물리학자들 귀에 들려왔을 때, 그들의 첫 반응은 어땠을까? 처음에는 물리학자들이 대부분 그 소식을 믿지 않았다. 하이젠베르크조차 미국의 허풍일 뿐이라고 스스로를 위로했다.

"원자폭탄에 대해 거의 아는 바가 없는 미국인 간호사가 허풍을 쳤다고 생각할 수밖에 없습니다. 이런 무기가 실제로 작동할 리 없습니다."

_ 베르너 하이젠베르크

우주를 탐구하며 인류의 새로운 평화를 갈망한 세이건은 1978년 『스미소니언매거진Smithsonian』에 기고한 글에서 인류를 흥미로운 단어로 진단했다. 그는 인류가 스스로 문명을 파괴할 수 있는 기술적 수단과 능력을 갖추었지만, 그런 파국이 일어나지 않도록 하려면 무엇을 해야 하는지에 관한 지혜를 충분히 얻지 못한 단계라고 평가했다. 그래서 인류가 아직 성숙하지 못한 채 어린 '기술적 사춘기technological adolescence'를 보내고 있다고 표현했다. 세이건이 인류를 위한 첫 진단을 내린 이후로 벌써 반세기 가까운 세월이 흘렀다. 애석하게도 세이건의 진단은 아직 유효하다. 어쩌면 상태가 더 심각해진 듯 느껴지기도 한다. 50년 세월은 인류가 성숙함을 갖추기에 한참 부족한 짧은 시간인지도 모른다.

♫ ♫ ♫

음악과 과학은 놀라우리만치 똑같은 역사를 밟아가며 진화했다. 중

세 유럽의 세계관은 교회의 지배를 받았다. 대개 음악은 조물주를 찬양하기 위해 존재했고, 우주를 탐구하는 과학자들의 작업은 조물주의 창조 원리를 깨달아가는 과정으로 여겨졌다. 르네상스를 거치면서 인류는 종교의 굴레를 벗어나 스스로에게 주목하기 시작했다. 음악은 지극히 세속적으로 변모했다. 과학은 이제 더는 우주에서 조물주를 찾지 않았다. 조물주가 개입하지 않아도 물리법칙이 맞물려 돌아가는 기계 장치로서 우주와 생명을 바라봤다.

르네상스가 꽃핀 이후 음악과 과학은 한동안 가장 찬란하고 화려한 시절을 보냈다. 작곡가는 넓은 음역대에 걸쳐 더욱 촘촘하게 음표를 배치했고, 그에 따라 연주자는 더욱 기교가 능란해졌다. 이제 과학은 눈에 보이지 않을 정도로 작은 세계와 품에 담을 수 없을 만큼 거대한 거시 세계를 탐닉했고, 미지를 향한 욕망은 불씨가 되어 달에 발자국을 남겼다. 오랫동안 몽상가들이 동경하는 대상이자 뮤즈로 머물렀던 달은 오늘날 약간의 돈과 시간만 들이면 직접 닿을 수 있는 종착역이 됐다.

쇤베르크의 《달에 홀린 피에로Pierrot Lunaire, Op. 21》는 어두운 달빛 아래 펼쳐지는 피에로의 광기와 고뇌를 그려낸 전례 없이 혁신적인 작품이다. 1912년 중견배우 알베르티네 체메Albertine Zehme가 쇤베르크에게 벨기에 시인 알베르 지로Albert Giraud의 동명 시를 바탕으로 모노드라마를 써달라고 의뢰했다. 쇤베르크는 독일어로 번역된 시 중 21편을 골라 세 부분으로 구성된 연가곡으로 였었다. 이 이야기는 다섯 명의 연주자가 피아노, 바이올린, 클라리넷, 첼로 등 총 여덟 대의 악기를 번갈아 연주하는 독특한 앙상블 위에서 펼쳐진다.

이 작품은 그야말로 파격이었다. 조성 해체를 시도한 쇤베르크는 이제 말과 노래의 경계마저 허물었다. 그는 기존 멜로디에 얽매인 성악 표현으로는 더 깊고 섬세한 감정의 결을 담아낼 수 없다고 느꼈다. 사람은 일상에서 노래로 감정을 표현하지 않는다. 희로애락은 대개 말과 억양 그리고 순간의 숨결로 전해진다. 기존 화성과 노래라는 틀은 애초부터 인간의 감정을 온전히 담아내기에 지극히 제한적이지 않았을까? 쇤베르크는 바로 이 한계를 넘어 음악과 말의 새로운 세계를 열어젖혔다. 그는 소프라노 성악가에게 음정 위를 스치듯 지나가며 말의 억양을 살리는 독창적인 표현을 요구했다. 단순히 음정을 부르는 것도, 말을 하는 것도 아닌 둘 사이 경계 어딘가에서 새롭게 탄생한 방식이었다. 쇤베르크는 이 기법을 '말하듯 노래하는 음악'이라는 뜻에서 '슈프레히스티메Sprechstimme'라고 불렀다. 그의 작품은 마치 랩 음악이 클래식에서 따로 떨어져 나오려고 시도하는 첫 번째 순간을 보는 듯한 느낌을 준다. 음악은 가장 성숙한 비언어적 예술이지만, 그는 언어와 음악을 결합하여 새로운 차원의 표현을 창조했다.

《달에 홀린 피에로》는 음이 아닌 목소리를 위한 작품이다. 이야기와 노래의 경계에 서 있다. 이 작품은 무대에 오르는 성악가의 해석과 성향에 따라 분위기가 완전히 달라지며, 그때마다 새로운 생명을 얻는다. 조성이 없는 선율 위에 얹어진 슈프레히스티메의 독특한 리듬, 거기에 원작에서 가져온 기괴하고 초현실적인 가사까지 더해져《달에 홀린 피에로》는 관객에게 그로테스크한 충격을 안긴다. 이 순간은 단순한 파격을 넘어 예술의 가능성과 한계를 재정의하는 경험으로 다가왔다. 쇤베르크의 피에로는 달빛 아래에서 광기와 고뇌를 읊조리며, 여전히 현대의 청중들에게 낯설고도 강렬한 울림을 전한다.

충격은 전염된다. 1911년 독일에서 '청기사파Der Blaue Reiter'를 자칭하는 젊은 화가들이 오스트리아에서 열린 쇤베르크의 공연을 단체로 관람했다. 청기사파는 자연을 있는 그대로 묘사하는 사실주의와 인상주의에 반기를 들고, 보이지 않는 인간 내면의 감정을 그려야 한다고 주장하는 표현주의 화가 집단이었다. 그들에게 쇤베르크의 음악은 단순한 청각적 경험을 넘어 일종의 혁명처럼 다가왔다.

《달에 홀린 피에로》
Christine Schäfer _ Youtube

이날 객석에 있던 바실리 칸딘스키Wassily Kandinsky는 쇤베르크의《현악 4중주 제2번》과《피아노를 위한 세 개의 소품3 Pieces for Piano, Op. 11》에서 조성의 경계를 허물려 한 쇤베르크의 음악적 실험에 강렬한 충격을 받았다. 칸딘스키는 음악에서 조성이 사라지는 순간, 자신이 그토록 추구하던 감정과 영혼의 세계를 들여다본 것 같다고 느꼈다. 비록 그날 연주는 청중과 평단에서 대부분 부정적인 평가를 받았지만, 칸딘스키는 쇤베르크의 예술을 더 이상 보이는 세계 안에만 가둘 필요가 없다고 확신하게 됐다.

> "특정한 주제나 모티프를 전혀 알아챌 수 없었다. 어디가 시작인지, 중간인지, 끝인지, 아무것도 느낄 수 없었다. 그러다 곧 전체가 돌연 끝나버렸다. 오로지 신 혹은 작곡가 본인만이 그 이유를 알 수 있을 테다."
>
> **_오토 켈러**

아직 자신만의 미술 세계를 구축하지 못한 채 길을 잃고 방황하던 칸딘스키에게 쇤베르크 음악은 방향을 제시하는 나침반과 같았다. 그 음악은 칸딘스키가 그림으로 구현하고자 한 보이지 않는 세계와 맞닿아 있었다. 공연이 있고 나서 불과 2주 만에 칸딘스키는 일면식도 없는 상태에서 자신의 작품 몇 점을 동봉한 편지를 쇤베르크에게 보냈다.

> "친애하는 교수님께, 개인적 친분도 없는데 이렇게

갑자기 편지를 보내게 된 점을 양해해주시기 바랍니다. 얼마 전 교수님 연주를 들었는데, 그 시간이 제게 진정한 기쁨을 안겨주었습니다. 교수님 작품은 제가 아직 불확실한 형태로나마 겨우 추구하던 것을 음악으로 실현해놓았습니다."

_바실리 칸딘스키

쇤베르크도 화답했다. 오랫동안 조성 파괴와 무조음악을 탐구하며 평단의 비판과 고립 속에서 외로움을 견뎌온 그에게 칸딘스키의 공감과 찬사는 커다란 위로가 됐다. 칸딘스키 또한 고전미술 세계에서 배척당하며 전시조차 거절당하던 힘든 시기에 쇤베르크 음악을 들으며 자신이 나아가야 할 길을 찾았다. 두 사람은 음악과 미술이라는 전혀 다른 분야에서 누구보다 고독했지만, 지구 위에서 유일하게 서로의 예술을 온전히 이해할 수 있는 친구가 됐다. 이후로 두 사람은 계속 편지를 주고받으며 우정을 키워나갔다.

쇤베르크는 음악만큼이나 미술에도 진심이었다. 음악이 아닌 그림을 팔아서 생계를 유지하던 시절이 있었고, 평생에 걸쳐 90점이 넘는 유화와 수채화를 남겼다. 다른 화가들과 함께 전시회를 열거나 홀로 작품을 선보이기도 했다. 음악에서도 그렇지만, 쇤베르크는 그림에서도 인간 내면을 향한 갈망이 드러난다. 유독 자화상이 많지만, 사실적인 외형 묘사보다는 감정을 표현하는 색과 형태

〈뒤로 돌아선 자화상〉(1911, 쇤베르크)

에 중점을 두었다.

특히 1911년 작품 〈뒤로 돌아선 자화상Self portrait from behind〉은 단순한 자화상을 넘어선 메시지를 담고 있다. 쇤베르크는 한 손에 지팡이를 쥐고 어두운 골목으로 걸어가는 자신의 뒷모습을 그렸다. 자화상은 대개 얼굴을 드러내는 편인데, 쇤베르크는 자신이 절대 볼 수 없는 뒷모습을 화폭에 담았다. 이는 스스로를 타인의 시선이 아닌 완전히 새로운 관점에서 탐구하려는 그의 시도를 보여준다. 그림 속 뒷모습은 마치 기존 예술 세계에 등을 돌리고 새로운 길을 향해 가는 단호함과 외로움을 보여준다.

칸딘스키는 쇤베르크를 처음 알게 해준 공연이 마치 휘몰아치는 채찍처럼 강렬한 인상을 남겼다고 회고했다. 그날의 충격과 감동이 곧장 그의 손끝으로 옮겨졌고, 빠르게 스케치가 완성됐다. 처음에 그린 크로키는 그래도 형태를 알아볼 수 있는 수준이지만, 시간이 지나 다시 유화로 표현된 버전은 그마저도 사라지고 완전한 추상화로 변모했다. 〈인상 III-콘서트Impression Ⅲ Concert〉는 쇤베르크의 불협화음에서 영감을 받아 탄생했다. 화면을 가득 채운 노란 배경에 모든 요소가 왼쪽으로 쏠려 있고, 오른쪽에는 노란 여백만 남아 있다. 이 불균형 속에서 그림은 오히려 역동적인 긴장감을 드러낸다. 캔버스 중앙에 있는 검은 형태는 피아노를, 그 주변 곡선들은 요동치는 관객을 암시한다. 검은색과 노란색의 대립은 공연장의 불안하고 날카로운 긴장감을 고스란히 전해준다.

그날의 경험 이후 칸딘스키의 캔버스에서 명확한 형태는 점차 자취를 감추었다. 관객은 그의 그림이 무엇을 묘사했는지 알아차리기 어려워졌으나, 대신 기하학적 형태와 순수한 색채가 그의 작품을 채우기 시작했다. 사각형과 원, 곡선과 직선 그리고 노란색

〈인상 III-콘서트〉(1911, 칸딘스키)

과 파란색처럼 대비되는 색채는 그의 새로운 언어가 됐다. 쇤베르크와의 만남이 칸딘스키에게 음악이라는 새로운 세계를 열어주었고, 칸딘스키는 이 대비와 조화를 캔버스 위로 옮겼다. 〈즉흥 협곡Impovisation, Gorge〉과 〈노랑 빨강 파랑Jaune-rouge-bleu〉이 대표적이다. 특히 1924년 작품 〈대립하는 화음Accords opposés〉은 제목부터 음악적 영감을 드러낸다.

"색채는 건반이고 그것을 보는 눈은 하모니다. 영혼은 줄이 많은 피아노이며 예술가는 영혼을 울리기 위해 그것을 연주하는 손 역할을 한다."

_바실리 칸딘스키

그러나 두 사람의 우정은 영원하지 못했다. 1920년대 후반에 유럽을 뒤덮은 정치적 혼란이 점차 그들의 관계를 갈라놓았다. 쇤베르크는 유대인으로서 자신의 정체성을 확고히 하며 더욱 깊이 자각하게 됐지만, 칸딘스키는 퍼져가던 반유대주의 정서에 무감각하게 동조했다. 심지어 칸딘스키가 유대인을 사탄의 민족이라고 언급해 쇤베르크에게 깊은 상처를 남겼다. 실망과 서운함을 느낀 쇤베르크가 그에게 편지로 감정을 전했지만, 그 뒤로 두 사람의 대화가 끊겼고 우편함은 텅 비게 됐다. 한때 서로의 예술 세계를 탐하고 공명했던 그들의 관계는 시대의 어두운 그림자 속에 쓸쓸히 막을 내리고 말았다.

쇤베르크의 영향력은 지금까지도 이어진다. 비디오아트video art라는 새로운 장르를 개척하며 과학기술마저 예술로 승화시킨 현대미술가 백남준도 쇤베르크의 정신을 계승했다. 1956년 도쿄대학교 미학과에 재학 중이던 스물네 살의 젊은 백남준은 졸업 논문 주제로 쇤베르크를 선택했다. 젊은 시절에 쇤베르크 음악을 처음 만난 그는 쇤베르크를 서양음악에서 고질적인 계급을 소멸시킨 전위 예술가로 평가했다. 쇤베르크의 집요하고 고집스러운 저항 정신은 단지 음악 영역에만 머물지 않고, TV 스크린의 픽셀과 전자 신호가 캔버스로 변모하는 21세기 예술에까지 뚜렷한 흔적을 남긴 것이다.

♫ ♫ ♫

쇤베르크의 반항이 음악을 넘어 미술사 경로를 바꿨듯, 하이젠베르크의 발견도 예상치 못한 영역으로 뻗어나갔다. 불확정성 원리는 아주 작은 원자의 세계에서는 위치와 운동량을 동시에 측정할 수 없다고 말한다. 처음에는 이 원리가 단지 미시 세계에서만 작동할 것처럼 보였으나, 현실은 달랐다. 미시 세계에서 벌어지는 보이지 않는 혼돈은 우주 전체의 탄생에 결정적인 단서를 제공한다.

1920년대 벨기에의 젊은 물리학자인 조르주 르메트르Georges Lemaître는 아인슈타인의 중력과 시공간에 관한 방정식을 사용해 우주가 팽창해야 한다는 결론에 도달했다. 그러나 정작 아인슈타인 본인은 이 방정식이 가리키는 결론을 받아들이지 않았다. 우주는 수축도 팽창도 하지 않고 정적인 상태로 존재해야 한다는 고정관념에 오랫동안 사로잡혀 있었기 때문이다. 르메트르가 발견해낸 이야기를 들려주었을 때, 아인슈타인은 물리적 감각이 형편없다고 그를 핀잔하며 매몰차게 일축했다.

하지만 르메트르의 주장은 곧 관측으로 입증됐다. 1929년 천문학자 에드윈 허블Edwin Powell Hubble이 로스앤젤레스 윌슨산 천문대에 설치된 지름 100인치 후커망원경Hooker Telescope으로 은하 대부분이 우리로부터 멀어지고 있다는 사실을 발견한 것이다. 그 멀어지는 속도가 거리와 비례했다는 점에서 더욱 놀라웠다. 2배 먼 은하는 2배 더 빠르게, 3배 먼 은하는 3배 더 빠르게 멀어졌다. 이 말은 곧 은하들이 단순히 멀어지기만 하는 것이 아니라 은하를 품은 우주의 시공간 자체가 오븐 속 빵 반죽처럼 팽창하고 있다는 뜻이었다. 허블의 발견 앞에서 아인슈타인은 고집을 꺾고 자신의 오류를 인정해야 했다.

우주가 팽창하고 있다는 사실은 천문학자들에게 과거의 우주로 거슬러 올라갈 수 있는 열쇠를 쥐여주었다. 태초부터 팽창이 이어졌다면 과거의 우주는 지금보다 훨씬 작고 밀도가 높았을 것이다. 상상할 수 없을 만큼 높은 온도와 밀도로 가득 찼던 우주는 그야말로 뜨거운 지옥과 같았다. 지금의 거대한 우주는 지옥에서 시작됐다. 우주의 열기는 지난 138억 년 동안 우주의 팽창과 함께 식었다. 탄생 초기의 그 뜨겁던 기운은 이제 절대영도 가까이 희석됐다. 지금의 우주는 마치 오래전 시동이 꺼진 자동차의 차갑게 식어버린 보닛과도 같다. 그러나 아무리 식었다 해도 흔적은 깨끗이 사라지지 않는다. 아주 민감한 온도계로 잰다면 미미하게나마 남은 잔열을 포착할 수 있다. 이 잔열은 한 번도 시동이 걸린 적 없는 자동차와 뚜렷이 구분되는 흔적이다.

1964년 당시 벨연구소Bell Telephone Laboratories에서 근무하던 아노 펜지어스Arno Allan Penzias와 로버트 윌슨Robert Woodrow Wilson이 우연히 하늘 전역에 고르게 퍼진 잔열을 발견했다. 두 사람이 하늘을 훑어보는 동안 소라 껍데기 모양의 거대한 안테나로 정체불명의 잡음이 들려왔다. 처음에는 원인을 몰라서 골머리를 앓았다고 한다. 잡음을 없애겠다고 안테나 안에 둥지를 틀고 있던 비둘기를 쫓아내고, 비둘기 똥까지 닦았다는 일화는 아주 유명하다. 이후 그 잡음이 우주 초기 빅뱅big bang의 잔재로 남은 열복사의 흔적이라는 사실이 밝혀졌다. 이른바 우주배경복사Cosmic Microwave Background, CMB였다. 우주배경복사의 발견은 빅뱅이론을 그럴듯한 가설에서 확고한 과학이론으로 격상시켰다. 우주의 잔열이 직접 확인되면서, 빅뱅은 우주 탄생을 설명하는 가장 신뢰할 만한 패러다임이 됐다.

빅뱅에서 시작된 우주 탄생과 팽창의 역사는 예상치 못한 극적인 전개를 맞았다. 우주배경복사는 빅뱅이론의 가장 강력한 증거로 자리 잡았지만, 또 다른 의문도 남겼다. 우주의 열기가 지나치리만치 고르게 식어 있었는데, 심지어 10만 분의 1 수준으로 정밀하게 측정해도 거의 완벽에 가깝게 평탄했다. 작았던 우주가 팽창했다는 점을 감안하더라도, 이토록 완벽한 열적 평형이 우연이라고만 설명할 수는 없었다. 마치 태초의 우주가 섬세하게 조율된 피아노처럼 미세조정fine tuning을 거친 듯 보였다.

1980년 천체물리학자 앨런 구스Alan Harvey Guth가 우주 초기 팽창이 훨씬 격렬했을 것이라는 새로운 가설을 제시했다. 그의 이론에 따르면, 우주는 빅뱅 직후 찰나의 순간인 10^{-36}초에서 10^{-32}초 사이에 지수함수적으로 팽창했다. 그래서 원자핵보다도 크기가 작던 태초의 우주가 수십 광년 이상으로 확장됐다. 이 극단적 팽창을 '우주론적 인플레이션cosmic inflation'이라고 한다. 덕분에 태초의 우주가 미세조정을 거친 완벽한 열적 평형 상태로 보이도록 만들었다. 고르게 열기가 퍼져 있던 태초의 아주 작은 영역이 인플레이션을 거쳐 엄청난 크기로 확장되면서, 오늘날 우리가 관측하는 우주는 균일해졌다.

하이젠베르크의 불확정성 원리가 말해주듯, 미시 세계에서는 모든 것이 불확실하게 요동친다. 진공은 텅 빈 공간처럼 보이지만, 사실 입자와 에너지가 나타났다가 사라지기를 끊임없이 반복한다. 태초의 우주도 그랬다. 작은 영역마다 밀도가 랜덤하게 변하며 요동쳤다. 이것을 초기 우주의 양자요동quantum fluctuation이라고 한다. 이 미세한 요동이 인플레이션을 거치면서 거대한 스케일로 확대됐다. 현미경으로 들여다봐야 겨우 느낄 수 있는 카펫의 자잘한 질감 정도에 불과하던 양자요동이 순식간에 에베레스트산 높이와 마리아나해구의 깊이 차이만큼 늘어났다.

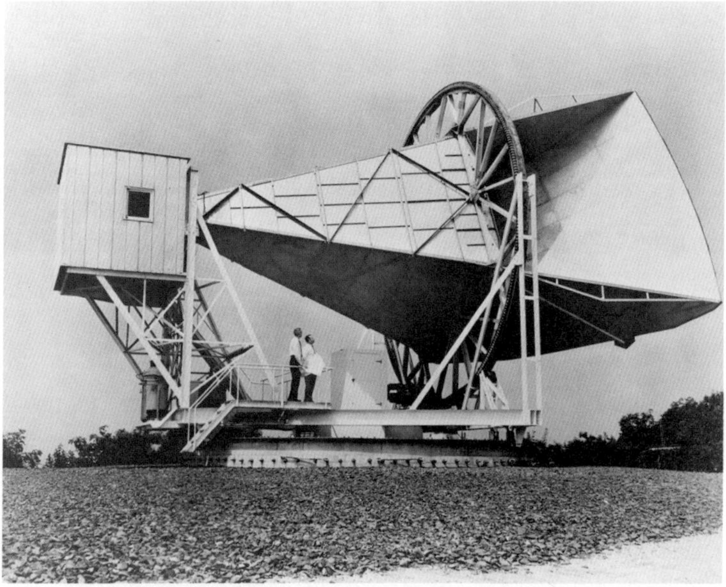

우주배경복사를 처음으로 감지한 소라 껍데기 모양의 혼 안테나.
옆에 펜지어스와 윌슨이 함께 서 있다.(1962 촬영, NASA)

인플레이션은 이 작은 요동을 씨앗 삼아 은하를 빚을 수 있게 했다. 밀도가 높은 영역은 중력으로 더 많은 물질을 끌어들였고, 그곳을 중심으로 은하와 은하단이 형성됐다. 반면 밀도가 낮은 영역은 사방으로 물질을 빼앗기며 텅 빈 보이드void(우주 거대 구조에서 수억 광년 스케일로 은하의 개수가 매우 적고 텅 빈 것처럼 보이는 구역)를 남겼다. 오늘날 우리가 바라보는 은하와 우주 거대 구조는 인플레이션을 거쳐 작은 요동이 증폭된 결과다. 하이젠베르크의 불확정성 원리는 이렇게 이야기한다. 우리가 이 광활한 우주의 한 자리에 존재하는 이유는 태초의 인플레이션이 일어난 순간에 우리가 지금 있는 곳의 밀도가 주변보다 아주 살짝 높았기 때문일 따름이다.

구스의 인플레이션 이론은 안드레이 린데Andrei Dmitriyevich Linde, 스티븐 호킹Stephen William Hawking, 폴 스타인하트Paul Joseph Steinhardt 같은 저명한 현대물리학자들 손을 거치면서 수학적으로 더 정교해졌다. 이들은 우주가 끝없이 팽창하는 모델 또는 팽창과 수축을 반복하는 주기적 모델 등을 제시하며 우주의 미래를 다양한 방식으로 상상할 수 있는 길을 열었다. 미시 세계를 설명하기 위해 등장한 하이젠베르크의 불확정성 원리는 아직 오지 않은 우주의 운명까지 예견할 수 있는 강력한 도구로 자리 잡았다.

현대 천문학은 우주의 거대함 속에서 미묘함을 발견한다. 우주는 광막하지만, 그 시작은 원자핵보다 작았다. 그 작은 시작을 알려면 거시 세계가 아닌 미시 세계를 들여다봐야 한다. 지금의 우주는 스스로가 거대한 존재인 척하지만, 그 실체는 양자요동에서 태어났다. 우주는 거시적인 척하는 미시적 존재다.

쇤베르크와 하이젠베르크는 서로 다른 세계를 살았지만, 그들의 발자취는 한결같이 인간의 상상력을 우주 경계 너머로 확장시켰다. 쇤베르크는 음악이라는 언어를 넘어 인간의 감정과 내면을 탐구하고, 들리지 않던 세계를 들리게 했다. 하이젠베르크는 불확정성 원리에 비춰 우주의 본질이 얼마나 깊고 신비로운지를 전해주며, 보이지 않던 세계를 보이게 했다. 두 사람은 각각 과학과 예술이라는 도구를 들고 미지의 영역을 탐험하며, 우리가 상상하지 못하던 새로운 우주를 열어젖혔다.

> "진정한 예술이란 보이는 것을 드러내는 것이 아니라,
> 보이지 않는 것을 보이게 하는 것이다."
>
> **_파울 클레**

우주는 불확정성과 불협화음으로 시작됐지만, 그 혼돈 속에서 지금의 별과 은하가 탄생했다. 우리는 그 빛을 바라보며, 여전히 혼돈 속에 있다. 쇤베르크와 하이젠베르크는 그 혼돈이 새로운 창조의 시작임을 가르쳐준다. 불확정성과 불협화음은 결코 단순한 무질서가 아니다. 그것은 우리가 알지 못하는 아름다움과 가능성의 전조다. 쇤베르크와 하이젠베르크는 우리에게 속삭인다. 우주는 모든 것이 그저 우연의 결과일 뿐이지만, 그 우연 안에서조차 우린 나름의 법칙을 찾아낼 수 있다고 말이다.

공명Resonance

블랙홀의
침묵을 뚫고 나온
영원의 심포니

호킹

베토벤

4

스티븐 호킹(1980년대, NASA/StarChild Learning Center)
루트비히 판 베토벤(1820, Joseph Karl Stieler)

2020년 10월, 노벨물리학상의 주인공이 발표됐다. 바로 블랙홀black hole이었다. 그해 노벨상 수상자 발표가 있기 바로 직전에 천문학자들이 북극에서 남극까지 지구 전역에 깔려 있는 전파망원경을 총동원해서 5000만 광년 거리에 떨어져 있는 은하 M87 중심의 블랙홀 모습을 실제 사진으로 포착하는 데 성공했다. 이 블랙홀은 태양 질량의 65억 배에 달하는 육중한 초대질량 블랙홀supermassive black hole, SMBH이다. 그동안 이론적으로만 추정되던 블랙홀의 실체가 명확하게 확인된 순간이었다. 이를 기념해 노벨위원회는 블랙홀의 존재를 처음으로 규명한 과학자 세 명에게 노벨물리학상을 수여했다.

세 수상자 중 라인하르트 겐첼Reinhard Genzel과 앤드리아 게즈Andrea Mia Ghez는 1995년부터 10년에 걸쳐 우리은하 중심에 모

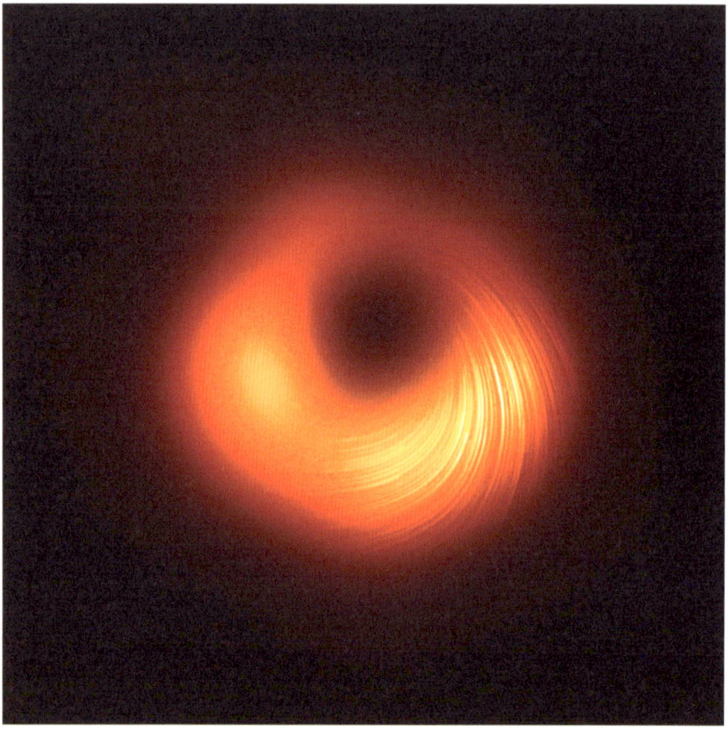

사건의 지평선 망원경 프로젝트에서 관측한
은하 M87 중심의 블랙홀 주변 영역 모습(2021 재가공 공개,
EHT Collaboration / NRAO / AUI / NSF)

인 별의 움직임을 관측했다. 비좁은 우리은하 중심에서 바글거리는 별들은 아주 빠른 속도로 맴돌았다. 그 중심에 아주 작지만 막대한 중력을 행사하는 무언가가 숨어 있어야만 설명이 가능한 모습이었다. 그래서 우리은하 중심에 있는 궁수자리 방향으로 질량이 태양

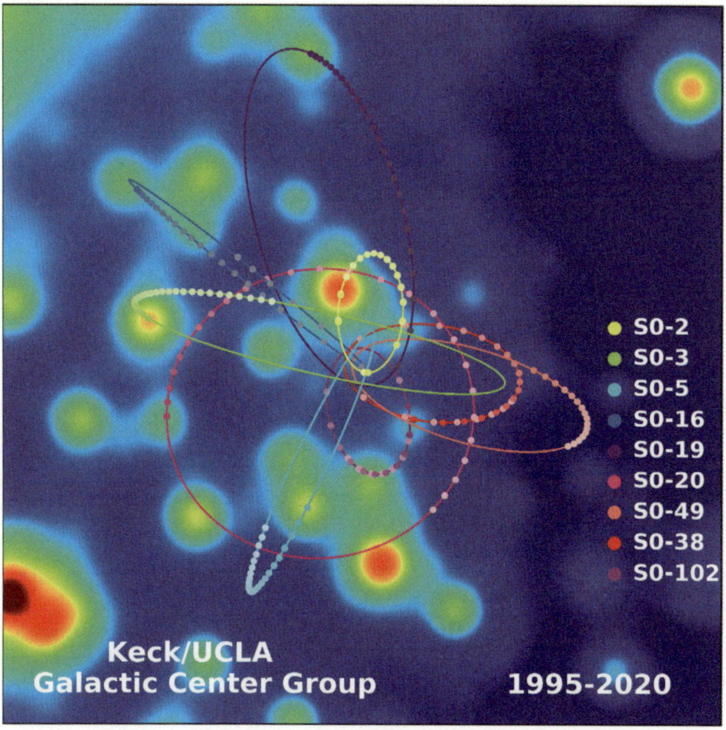

우리은하 정중앙
주변을 맴도는 별의 궤도를 표현한 그림
(2020 공개, UCLA Galactic Center Group / W. M. Keck Observatory)

의 400만 배나 되는 거대한 블랙홀이 숨어 있으리라고 추정했다.

이론물리학자 로저 펜로즈Sir Roger Penrose도 블랙홀의 영광을 두 사람과 함께했다. 그는 블랙홀이 단순한 공상이 아니며 수학적으로 설명 가능하다는 점을 입증했다. 사실 오래전부터 노벨물리학상 후보로 거론되곤 하던 물리학자다. 하지만 정작 그토록 바라던 노벨상 시상식에 올랐을 때 마냥 기쁘지만은 않았을 것이다. 그의 연구는 오랜 동료이자 친구인 스티븐 호킹Stephen William Hawking(1942~2018)과 함께 이룬 결과였기 때문이다. 안타깝게도 노벨상은 살아 있는 사람에게만 수여할 수 있기에, 호킹은 무대에 함께 오를 수 없었다. 많은 물리학자가 호킹이 조금만 더 우리 곁에 머물렀더라면 펜로즈와 함께했을 것이라며 아쉬워했다.

호킹은 1942년 1월 8일, 천문학자 갈릴레이가 세상을 떠난 지 정확히 300년 되던 날 영국 옥스퍼드에서 태어났다. 그 인연 때문인지 그는 어린 시절부터 자신이 우주와 특별한 인연이 있다고 느꼈다. 호킹은 약학 분야 과학자인 아버지의 학구적인 영향 아래 성장했는데, 아버지는 어린 호킹을 실험실에 데려가 현미경으로 곤충을 관찰하게 하는 등 그의 지적 호기심을 자극하곤 했다. 학교 성적은 전반적으로 평범했지만, 수학에서만큼은 두각을 나타냈다.

우리는 호킹을 평생 휠체어에 앉아 모니터와 함께한 모습으로 기억한다. 그러나 원래 그는 활동적인 청년이었다. 열일곱 살에 옥스퍼드대학교에 입학해서 부모님과 같은 학교 동문이 됐지만, 공부만 파고들지 않았다. 시험을 앞둔 시기에도 조정클럽에서 스포츠 활동을 즐겼다. 당시 옥스퍼드대학교 학생들 사이에는 수업을 열심히 듣지 않고도 좋은 성적을 받는 것이 멋있는 것이라는 문화가 있었고, 호킹은 이런 분위기를 즐기며 적당히 반항적인 시절을 보냈다. 그러다 1963년 스물한 살이 됐을 때 호킹의 삶이 급변했다. 근육이 서서히 마비되는 루게릭병(근위축성측삭경화증)을 진단받은 것이다. 의료진은 호킹이 2년밖에 살지 못할 것이라고 예측했다. 하지만 그는 모두의 예상을 뒤엎고 이후 50년 넘게 살면서 이론물리학에 길이 남을 업적을 남겼다. 아주 드물게도 루게릭병이 서서히 진행된 덕분이다. 그는 점차 몸을 가눌 수 없게 됐고, 급기야 손가락 두 개와 뺨 근육만 사용할 수 있었다. 시한부 선고를 받고 깊은 절망에 빠지기도 했지만, 약혼자인 제인 와일드Jane Wilde Hawking의 사랑과 지지가 그를 다시 일으켜 세웠다. 제인은 가장 절망적인 순간에 호킹에게 살아갈 이유를 주었고, 두 사람은 결혼해서 함께 새로운 삶을 시작했다.

> "스물한 살이 됐을 때 내 기대치는 0으로 떨어졌다. 그 이후 모든 것은 보너스였다."
>
> **_스티븐 호킹**

스위스 제네바에 있는 유럽입자물리연구소에서 방문연구를 하던 무렵, 그는 폐렴으로 한동안 사경을 헤맸다. 의료진이 아내인 제인에게 연명 장치를 제거하자고 권유했지만, 제인은 끝까지 포기하지 않았다. 1985년 기도를 절제하는 수술을 받고 생명을 유지했지만, 이 과정에서 호킹은 목소리를 잃었다.

그런 호킹을 위해 메사추세츠공과대학교MIT의 엔지니어 데니스 클랫Dennis H. Klatt이 목소리를 선물했다. 아쉽게도 호킹이 워낙 젊은 시절부터 건강이 악화된 탓에 그의 목소리 데이터를 충분히 수집할 수 없었다. 그래서 클랫은 자신의 목소리를 바탕으로 일명 '퍼펙트 폴Perfect Paul' 음성을 만들었다. 호킹은 뺨 근육을 미세하게 움직여서 텍스트를 입력했고, 그렇게 다시 세상과 소통할 수 있었다. 처음 텍스트 음성 합성기를 사용할 때는 영국인으로 태어난 자신이 이제 미국인 억양을 갖게 됐다고 농담하기도 했다.

♫ ♫ ♫

호킹은 대학 시절부터 유머감각이 뛰어났다. 도가 지나쳐 주변 사람을 당황하게 만들기도 했다. 옥스퍼드대학교를 졸업할 당시 호킹의 성적은 1등급과 2등급 사이에 간당간당하게 걸쳐 있었다. 그때는 옥스퍼드대학교가 성적이 가장 좋은 학생들에게 케임브리지대학교 대학원에 진학할 수 있는 기회를 주던 시절이었다. 반면 성적이 부족한 학생들은 계속 옥스퍼드대학교 대학원에 남아야 했다.

호킹은 교수들이 반항적인 그를 탐탁치 않게 여긴다는 점을 잘 알고 있었다. 그래서 도리어 면접에서 당돌하게 처신했다. 만약 자신의 성적을 1등급으로 올려준다면 자신을 케임브리지로 치워버릴 수 있겠지만, 그대로 2등급에 둔다면 자신을 계속 옥스퍼드에서 마주쳐야 할 것이라고 이야기하면서 말이다. 교수들을 상대로 꼴 보기 싫은 자신을 케임브리지로 보내버릴 수 있도록 성적을 올려 달라고 아주 당돌한 거래를 제안한 것이다. 그 작전이 성공해서 호킹은 1962년 그토록 바라던 케임브리지대학교 대학원에 입학했다. 그때만 해도 불과 1년 만에 자신의 몸이 굳어버리는 비극이 시작되리라고는 생각지도 못했을 것이다.

호킹은 본격적으로 천체물리학 분야를 연구하고 싶었다. 그때 케임브리지에는 영국 최고 천문학자 중 한 명으로 손꼽히던 프레드 호일Sir Fred Hoyle이 있었다. 별 내부의 극단적인 온도와 압력 조건에서 수소와 헬륨이 어떻게 탄소, 산소, 철에 이르는 훨씬 더 무거운 원소로 바뀔 수 있는지를 규명하여 큰 주목을 받은 과학자다. 1957년에는 별 내부에서 벌어지는 연금술의 비밀을 폭로하는 논문을 발표하기도 했다. 호일과 함께했던 마거릿 버비지Eleanor Margaret Burbidge와 제프리 버비지Geoffrey Ronald Burbidge 부부, 그리고 윌리엄 파울러William Alfred Fowler의 이름 이니셜을 따서 역사적인 B^2FH 논문으로 불리는 바로 그 논문이다.

당연히 호킹은 가장 잘나가는 교수인 호일의 연구실에 들어가고 싶었다. 하지만 졸업 성적이 우수한 학생들만 받아들이는 곳이어서 호킹에게는 기회가 올 리 없었다. 결국 호킹은 호일에 비해 덜 유명한 이론물리학자인 데니스 시아마Dennis William Sciama의

지도를 받게 됐다. 사실 그때껏 시아마의 이름을 들어본 적도 없었지만, 시아마는 아주 훌륭한 교육자였다. 흥미롭게도 본인 경력보다 그가 배출한 학생들의 화려한 업적으로 더 유명한 인물이다.

시아마의 제자인 마틴 리스Martin John Rees는 우주 끝자락에서 초대질량 블랙홀을 품고 있는 퀘이사를 연구하여 빅뱅이론의 중요한 증거를 제시했다. 영국 왕실은 17세기부터 왕립 천문학자Astronomer Royal를 공식적으로 한 명 임명하는데, 리스가 1995년 이후 지금까지 줄곧 맡고 있다. 또 다른 제자인 브랜던 카터Brandon Carter는 호킹과 함께 블랙홀의 물리적 특성을 증명했고, 우주가 하필이면 왜 지금과 같은 물리 상수로 구성됐는가 하는 물음에 답하는 개념으로 인류 원리anthropic principle를 제시하여 21세기 현대 과학철학에 가장 중요한 사유를 남기기도 했다.

불행히도 대학원에 입학하자마자 호킹은 손으로 펜을 잡고 글씨를 쓰는 것도 어려워졌다. 자신에게 허락된 시간이 얼마 남지 않았다고 생각한 호킹은 방황했다. 그런 그를 시아마가 단호하고 엄격하게 독려했다. 시한부 삶일망정 마지막 순간까지 박사학위 논문을 마무리하고 떠나야 하지 않겠느냐고 말이다. 오히려 지금이야말로 더욱 연구에 몰두해야 하는 시기라고도 강조했다. 시아마의 따뜻하고도 단호한 지도를 받으며, 호킹은 흔들리던 마음을 다잡고 연구에 매진했다.

이 과정에서 약혼자 제인도 큰 도움이 됐다. 호킹이 휠체어에 앉아 입으로 구술하면 제인이 타자기 자판을 두드렸다. 다만 이론 물리학의 복잡한 수식까지 제인이 받아 적을 수는 없었기에, 호킹은 미약한 손가락 근육의 힘을 모아서 직접 수식을 써넣었다. 그렇게 1966년에 우주에서 극단으로 작은 존재인 블랙홀과 끝없이 거대한 우주 전체의 탄생을 연결 짓는 역사적인 논문을 완성했다. 호킹의 박사학위 논문인 「팽창하는 우주의 성질Properties of Expanding Universes」은 그들의 피와 땀이 잉크로 변한 결과물이다. 호킹의 몸은 비좁은 휠체어에 갇혀 있었지만, 그의 우주는 누구보다도 거대했다.

> "조용한 사람이 가장 큰 소리를 낸다."
>
> **_스티븐 호킹**

♫ ♫ ♫

목소리를 잃은 호킹에게 우주는 깊고 고요한 세계였다. 사실 우주의 본질은 적막이다. 우주에서는 원래 소리를 들을 수 없다. 소리는 공기라는 매질이 필요하기 때문이다. 소리는 공기의 떨림일 뿐이기에, 공기가 없는 우주에는 존재하지 않는다. 그래서 어쩌면 우주는 소리 예술인 음악과 가장 거리가 멀게도 느껴진다. 하지만 루트비히 판 베토벤Ludwig van Beethoven(1770~1827)은 소리의 부재가 반드시 음악의 소멸로 귀결되지는 않는다는 점을 몸소 보여주었다.

베토벤은 정통 음악가 집안에서 태어났다. 할아버지와 아버지가 모두 궁정에서 음악을 연주하고 노래했다. 사실 베토벤은 두 번 태어났다. 아버지가 베토벤보다 먼저 태어난 형에게 루트비히라는 이름을 지어주었지만, 이내 형이 죽어버려서, 그 이후 태어난 베토벤에게 아버지가 형의 이름을 그대로 물려준 것이다. 그만큼 베토벤은 가족의 큰 기대와 슬픔을 동시에 안고 태어났다.

베토벤의 아버지는 일찍부터 어린 베토벤의 음악적 재능을 알아봤다. 레오폴트 모차르트Johann Georg Leopold Mozart가 어린 아들을 데리고 유럽 곳곳을 돌아다니며 큰돈을 벌었다는 이야기에 혹하던 터여서, 자신의 아들도 볼프강 모차르트Wolfgang Amadeus Mozart처럼 만들고 싶어 했다. 그래서 베토벤은 네 살밖에 안 된 아주 어린 시절부터 가혹한 음악교육을 강요받았다. 온종일 방 안에 틀어박혀 피아노 연습을 해야 했기에, 제대로 된 학교 생활이나 또래와 어울리는 일상은 누리지 못했다. 특히 그의 아버지는 한 치의 오차도 없이 정확한 연주를 강요했다. 오죽했으면 베토벤이 스스로를 묘기 부리는 원숭이 신세라고 한탄하며, 피아노 앞에 무릎을 꿇고 운 적도 있다. 그는 어린 시절에 피아노를 도끼로 부숴버리고 싶었노라고 회고했다.

그의 아버지는 술주정뱅이에 도박꾼이었다. 베토벤이 재주를 부려가며 돈을 벌어오는 족족 탕진했다. 아들을 '신동'으로 포장하기 위해 실제 나이보다 어리게 속이는 일도 서슴지 않았다. 아버지의 거짓말 때문에 베토벤은 성인이 되어서도 자신의 정확한 나이를 두고 혼란스러워했다. 모차르트와 달리 훨씬 폭압적인 가정환경에서 성장했지만, 음악을 향한 열망은 사라지지 않았다. 아버지는 모차르트를 롤모델로 삼으라고 억지로 주입시켰고, 어느새 베토벤 마음 깊은 곳에도 모차르트가 진정한 본보기로 스며들었다. 모차르트야말로 진정한 음악신동이라 여겼고, 그에게 인정받고 싶었다.

아홉 살이 됐을 때 당시 최고 오르가니스트 중 한 명인 고틀로프 네페Christian Gottlob Neefe를 만나 직접 과외를 받으며, 바흐의 《평균율 클라비어 곡집》을 비롯해 다양한 기법을 배웠다. 네페는 베토벤의 재능을 알아봤고, 본격적인 작곡 수업을 시작했다. 오랫동안 아버지에게 틀에 박힌 연주만 강요받던 베토벤은 조금씩 다양한 음악 세계로 접어들기 시작했다.

이맘때 베토벤을 둘러싼 흥미로운 야사가 있다. 어린 시절 베토벤이 모차르트를 직접 만났고, 일종의 오디션까지 봤다는 내용이다. 19세기에 모차르트 전기를 쓴 작가 오토 얀Otto Jahn이 주장한 이야기는 이렇다. 1787년에 드디어 베토벤은 꿈에 그리던 롤모델 모차르트를 직접 만나게 됐다. 당시 열일곱 살이던 그는 궁정 오케스트라에 잠깐 휴가를 내고, 독일 본을 떠나 한 달 뒤 오스트리아 빈에 도착했다. 잔뜩 긴장한 채 한 손에는 모차르트와 친분이 있던 오스트리아 선제후 막시밀리안 프란츠Archduke Maximilian Franz of

Austria의 추천서가 들려 있었다.

사실 그때 모차르트는 누구와 만날 기분이 전혀 아니었다. 서른 살 젊은 나이에 이미 건강이 나빠지기 시작한 터라, 한 달이나 걸려 독일에서 오스트리아까지 온 어린아이를 상대하려니 무척 귀찮게 느껴졌다. 모차르트는 베토벤에게 아무것이나 연주해보라고 주문했다. 베토벤은 모차르트에게 존경을 바치며 모차르트 작품인 《피아노 협주곡 제24번 C단조Piano Concerto No. 24 in C minor, KV 491》를 선보였다. 어린 베토벤의 연주를 들은 모차르트의 첫 반응은 어땠을까? 베토벤 면전에서 모차르트는 그건 누구나 할 수 있는 시시한 연주라면서, 자신만의 것을 표현하라고 아주 퉁명스럽게 조언했다. 하지만 그의 속내는 달랐던 모양이다. 베토벤이 떠난 뒤에 그는 옆방에 있던 아내 마리아 콘스탄체Maria Constanze Cäcilia Josepha Johanna Aloysia Mozart와 손님들에게 전혀 다른 감상을 남겼다.

> "그 아이를 주목하라. 언젠가 세상을 놀라게 할 테니."
>
> _볼프강 모차르트

이 야사를 회의적으로 바라보는 의견도 많다. 당시 베토벤이 빈을 찾은 건 맞지만, 남아 있는 기록이 거의 없다 보니 정확한 방문 목적을 알 수 없다. 심지어 베토벤이 빈에 간 사실 자체가 없다는 주장도 제기된다. 베토벤이 모차르트 앞에서 재롱을 부렸다는 그 시점이 모차르트가 한창 다른 작품에 몰두하던 시기와 겹치기 때문이다. 이미 성공한 음악가인 모차르트가 굳이 바쁜 시간을 쪼개가며, 멀리서 찾아온 풋풋한 베토벤의 연주를 들어주었을 리가 없다는 얘기다.

직접 모차르트를 만나서 긍정적인 평가까지 받았는지, 아니면 애초 만난 일도 없이 그저 멀리서 모차르트 음악만 듣고 그를 동경하는 데 그쳤는지는 알 수 없다. 어쨌거나 베토벤은 평생 롤모델이던 모차르트에게 직접 레슨을 받겠다는 꿈을 이루지도 못하고, 오스트리아에 온 지 2주 만에 다시 독일로 돌아갔다. 5년이 지난 1792년에 다시 베토벤은 모차르트를 만나려고 오스트리아에 왔지만, 모차르트는 이미 1년 전에 세상을 떠난 뒤였다.

갈 곳을 잃은 베토벤은 평소 자신을 아끼고 후원해준 페르디난트 폰 발트슈타인Ferdinand von Waldstein 백작에게 도움을 청했다. 백작은 베토벤에게 모차르트 대신 요제프 하이든Franz Joseph Haydn한테서 모차르트의 영혼을 배워보라고 권유했다. 그래서 베토벤은 하이든에게 1년간 레슨을 받았지만, 호킹이 그랬듯 가장 바라던 스승을 만나지 못한 채 꿩 대신 닭의 심정으로 다른 스승을 만났다.

1796년 20대 중반의 나이에 베토벤은 정확한 원인을 찾지 못한 채 점차 청력을 잃기 시작했다. 처음에는 흔한 난청 질환 중 하나인 메니에르병Meniere's disease과 같은 이명이 생겼는데, 특히 높은 음역의 소리부터 점차 들리지 않게 되었다. 그러다 점차 모든 소리가 희미해졌고, 일상적 대화뿐 아니라 음악 감상까지 어려워졌다. 음악가로서는 생명과도 같은 소리를 더는 들을 수 없다는 현실이 베토벤에게 큰 절망으로 다가왔다. 그는 오랫동안 친구에게조차 귀가 조금씩 적막 속으로 빠져들고 있다는 사실을 숨기려 했다.

어린 시절부터 방 안에 갇혀 혹독하게 음악을 연습해야 했던 베토벤에게는 모든 일을 터놓고 이야기할 만한 친구가 별로 없었다. 그나마 의대생 시절부터 베토벤과 친하게 지낸 프란츠 베겔러 Franz Gerhard Wegeler가 있었다. 베토벤은 1801년이 되어서야 베겔러에게 편지로 자신의 상황을 털어놓았다. 그 편지에서 자신의 건강을 시기심 가득한 악마라고 지칭하며, 사실 몇 년 전부터 청력을 잃고 있다고 고백했다.

> "나는 진실로 내 삶이 몹시 비참하다고 말할 수 있다. 사람들에게 내가 귀머거리라고 말할 수 없었기에, 지난 2년 동안 나는 모든 세상을 회피했다. 다른 직업이라면 이 시련을 견딜 만도 하겠지만, 나로서는 이런 상태가 너무 끔찍하다."
>
> **_루트비히 판 베토벤**

당시 베토벤이 만난 많은 의사가 청력 장애를 소화기 계통에서 비롯된 문제라고 진단했다. 완벽한 오진이었지만 베토벤은 의사들의 진단을 철석같이 믿었다. 그래서 그 처방에 따라 귀에 아몬드 기름을 붓고, 위장약을 먹고, 냉수로 목욕했다. 청력을 잃어갈수록 베토벤은 예민해졌고, 동료 음악가들과 다툼도 잦아졌다. 그의 주치의였던 요한 아담 슈미트Johann Adam Schmidt는 시끄러운 도시를 벗어나 다뉴브강 근처 한적한 시골 마을에서 요양해보자고 제안했다. 온천욕을 하며 심신을 안정시켜야 한다고도 강조했다. 1802년 봄, 베토벤은 하일리겐슈타트로 거처를 옮겼다. 벼랑 끝에 왔다는 생각으로 치료에 매달린 결과 위장은 건강해졌다. 하지만 청력은 조금도 나아지지 않았다.

절망에 빠진 베토벤은 결국 그해 10월 자살을 결심하고는 두 동생에게 남기는 그 유명한 '하일리겐슈타트 유서Heiligenstädter Testament'를 썼다. 다행히 자살은 실행에 옮겨지지 않았고, 유서도 두 동생에게 전달되지 않았다. 이 유서는 베토벤 사후에 발견되어 뒤늦게 세상에 알려졌다. 그런데 유서를 자세히 읽어보면 삶을 포기하는 심정이 아니라 오히려 시련을 극복하고자 하는 열망과 의욕이 드러난다. 실제로 베토벤은 유서를 쓰고 나서 새롭게 부활했다.

> "오로지 예술만이 나를 다독였다. 내가 의무라고
> 느끼는 것을 모두 만들어내기 전까지 나는 세상을
> 떠날 수 없다고 생각했다. 그렇게 나는 이 비참한 삶을

유예시켰다."

_루트비히 판 베토벤

♫ ♫ ♫

음악은 소리의 예술이다. 소리는 음악의 언어일 뿐 아니라 음악 그 자체, 음악의 생명과도 같다. 하지만 베토벤은 소리의 부재, 적막 속에서 환희를 노래했다. 마찬가지로 천문학은 빛의 과학이다. 수백 수천 광년 거리를 날아온 희미한 별빛 속에 우주의 모든 비밀스러운 이야기가 숨어 있다. 만약 우주의 모든 별이 빛을 잃고, 우주가 암흑 자체로 변해버린다면 천문학자가 할 수 있는 일은 아무것도 없을 것이다. 그렇다고 우주의 모든 존재가 눈부시게 빛나는 것은 아니다. 빛의 정반대편에 위치한 존재가 있다. 바로 블랙홀이다. 블랙홀은 빛을 허락하지 않는다. 그 자체로 빛의 부재이자, 완벽한 어둠이다. 블랙홀의 존재가 드러나면서 천문학자들은 이제 빛이 아닌 어둠을 쫓게 됐다. '소리가 부재한 음악'과 '빛이 부재한 우주', 이토록 음악과 우주는 모순적이지만, 분명 존재한다.

1724년 영국 노팅엄셔주 작은 시골 마을에서 태어난 존 미첼John Michell이 천문학에 최초로 통계수학을 결합하면서, 오늘날 빅데이터 사이언스 천문학의 기원을 마련했다. 미첼은 하늘에 별들이 무작위로 분포할 것이라고 가정했을 때보다 더 많은 수의 쌍성이 있다는 사실을 보여주며, 별이 서로의 중력으로 엮이는 역학적 시스템이라고 주장했다. 블랙홀 개념을 처음 상상한 것이 그의 가장 유명한 발견이다. 그는 수학적으로 별의 질량을 추정하는 방법을 고민했다. 당시 그는 뉴턴의 관점에 따라 빛이 아주 작은 질량을 가진 입자라고 가정했다. 빛에 질량이 있다면 중력의 영향을 받아야 한다. 지구에서 공을 던지면 지구 중력 때문에 얼마간 올라갔다가 아래로 떨어진다. 미첼은 별 표면에서 나오는 빛도 똑같이 움직일 것이라고 보았다. 그래서 별 표면에서 방출된 빛의 속도가 느려지는 정도를 잴 수 있다면 별의 질량도 알 수 있으리라고 생각했다.

지구는 중력이 그렇게 강하지 않다. 그래서 조금만 공을 빠르게 던지면 공이 지구 중력을 벗어나 우주로 날아가버린다. 중력을 벗어나는 데 필요한 최소 속도를 탈출속도esacpe velocity라고 한다. 탈출속도에 미치지 못하는 느린 속도로 던지면 공이 지구 중력을 벗어날 수 없다. 미첼은 똑같은 계산을 빛에 적용했다. 별 표면을 떠난 빛이 별을 벗어나지 못한다면 별 중력은 얼마나 강해야 할까? 즉, 별의 질량은 얼마나 무거워야 할까?

마침 1676년에 이미 덴마크 출신 천문학자인 올레 뢰머Ole Christensen Rømer가 기발한 아이디어로 계산한 빛의 속도 추정치가 널리 알려져 있었다. 뢰머는 목성 곁을 도는 위성 이오에 반사된 태양빛을 관측하는 방식으로 태양과 목성, 지구를 오가는 천문학적 스케일의 빛의 속도를 측정하는 데 성공했다. 뢰머가 추정한 빛의 속도는 지금 단위로 환산하면 대략 초속 21만km다. 현재 알려진 초속 29만9792km와는 차이가 있지만, 17세기라는 시대를 고려하면 꽤 훌륭한 성과다.

미첼은 뢰머가 계산한 빛의 속도를 활용해서 답을 찾았다. 미첼이 계산해본 결과, 태양 질량보다 500배 정도 더 무거운 별이 그 중력을 벗어나려면 탈출속도가 빛의 속도보다 더 빨라야 했다. 그러니까 빛조차 속도가 부족해서 별 중력을 벗어날 수 없다는 뜻이다. 빛이 새어 나오지 못하는 별이 되고 만다. 미첼은 이런 놀라운 계산 결과를 담은 논문을 1783년에 발표하고, 이 상상 속 별을 암흑별dark star이라고 불렀다. 이 개념이 오늘날 우리가 이야기하는 현대적 의미의 블랙홀 원형이라고 할 수 있다.

게다가 미첼은 암흑별을 찾는 방법까지 제시했다. 암흑별 자체는 빛나지 않기 때문에 볼 수 없다. 하지만 만약 암흑별 곁에서 쌍성을 이루는 다른 별이 빛을 낸다면, 그 모습은 마치 빛나는 별이 아무것도 보이지 않는 허공 속을 홀로 맴도는 것처럼 보일 것이다. 이런 수상한 움직임을 보이는 별을 찾는다면 암흑별의 존재를 확인할 수 있다고 미첼은 주장했다. 이 아이디어는 2020년도 노벨물리학상 수상자인 두 천문학자 라인하르트 겐첼과 앤드리아 게즈가 우리은하 중심에서 블랙홀의 존재를 확인한 방식과 놀라우리만치 닮았다.

하지만 안타깝게도 미첼은 생전에 동료 과학자들로부터 아무런 주목도 받지 못했다. 시대를 앞서 나간 탓에, 당시에는 미첼의 이야기를 이해할 수 있는 과학자가 없었다. 심지어 그는 초상화조차 남아 있지 않다. 한때 왕립 천문학자에 도전하기도 했지만 직위를 얻지 못했다. 오랫동안 학계의 무관심 속에 잊힌 미첼의 선견지명은 20세기가 되어서야 다시 부활했다. 양자역학이라는 새로운 패러다임이 자리 잡으면서, 빛을 단순히 작은 입자로 바라본 뉴턴의 관점은 폐기됐다. 빛은 입자도, 파동도 아니고 그 두 가지 성질을 고루 갖춘 새로운 존재가 됐다. 이제 빛은 질량을 갖지 못한다. 얼핏 생각하면 빛은 질량이 없기 때문에 중력의 영향을 전혀 받지 않아야 할 것 같다. 하지만 아인슈타인은 1915년에 우주의 시간과 공간 자체가 휘고 왜곡될 수 있다는 새로운 패러다임을 제시하며, 질량이 없더라도 빛이 중력의 영향으로부터 자유로울 수 없다는 점을 보여주었다.

빛은 언제나 곧게 직진한다. 하지만 빛이 나아가는 무대는 왜곡될 수 있다. 무거운 별처럼 질량이 큰 물체는 주변 시공간을 움푹하게 왜곡한다. 여전히 빛은 직진하지만, 시공간 자체가 왜곡됐기 때문에 빛이 나아가는 경로는 휘어 보인다. 마치 무거운 별의 중력에 이끌려 빛이 별 쪽으로 끌려 들어가듯 말이다. 중력으로 왜곡된 시공간은 가운데가 움푹 팬 웅덩이와 같다. 웅덩이 안쪽까지 쑥 들어가면 벗어날 수 없다.

아인슈타인이 일반상대성이론을 발표한 직후인 1916년에 독일 물리학자 카를 슈바르츠실트Karl Schwarzschild는 얼마나 중력의 웅덩이에 가까이 다가갔을 때부터 빛이 탈출하지 못하는지를 계산했다. 블랙홀에 영원히 속박될지, 아니면 거기에서 벗어나 자유를 만끽할지, 그 운명을 가르는 경계다. 이것을 '슈바르츠실트 반지름Schwarzschild radius'이라고 한다. 이 반지름 안에서는 빛도, 그 무엇도 빠져나올 수 없다. 안에서 무슨 일이 벌어지는지 알 수 없다. 바깥에서 보면 마치 모든 시간이 멈춘 듯할 것이다. 그래서 슈바르츠실트 반지름을 블랙홀 안팎 정보를 주고받을 수 있는 가장 안쪽 경계라는 뜻에서 '사건의 지평선event horizon'이라고 부른다.

사실 블랙홀은 이때까지도 상상 속 존재로 여겨졌다. 실제 우주에 이런 극단의 중력을 과시하는 초고밀도 천체가 있을 리 없다고들 생각했다. 아인슈타인마저 그랬다. 생각해보면 아인슈타인은 위대한 물리학자이지만, 우주의 팽창이며 양자역학, 블랙홀의 존재까지 큼직한 발견들을 부정했던 무시하기 어려운 민망한 역사가 수두룩하다. 그런데 펜로즈가 1965년 「중력 수축과 시공간의 특이점들Gravitational Collapse and Space-Time Singularities」이라는 짧은 논문에서 블랙홀이 충분히 존재할 수 있다는 사실을 수학적으로 완벽히 증명했다. 펜로즈가 계산해본 결과, 별이 한꺼번에 자신의 중력으로 수축하면 모든 질량이 사실상 한 점으로 붕괴하는 운명이 될 수밖에 없다. 블랙홀은 부피가 0이다. 무한히 작은 부피 안으로 붕괴해버린 그 지점을 가리켜 '특이점singularity'이라고 한다.

젊은 시절 호킹은 바로 이 펜로즈의 논문에서 큰 영감을 받았다. 정확히 특이점에 해당하는 또 다른 예가 있다. 바로 우주의 시작인 빅뱅이다. 팽창 중인 우주의 시간을 거꾸로 되감으면 우주를 수축시키는 것과 같다. 우주의 팽창이 언제 끝날지 알 수 없지만, 우주를 거꾸로 수축시키는 데는 한계가 있다. 우주의 모든 물질이 한 점으로 모이는 순간, 우주는 더는 과거로 돌아갈 수 없다. 138억 년 전 우주는 점이었다. 호킹이 졸업을 앞두고 있던 당시만 해도 빅뱅이론은 많은 비판을 받았다. 태초의 우주가 무한한 밀도로 붕괴한 상태였다는 점을 두고 여전히 많은 천문학자가 회의적이었다. 하지만 호킹은 블랙홀에 관한 펜로즈의 계산을 우주의 기원에 그대로 적용해서 모순을 명쾌하게 해결했다. 우주는 블랙홀에서 탄생했고, 블랙홀은 우주를 품고 있다.

결과적으로 보면, 성적이 부족해서 호일의 제자가 되지 못한 일이 호킹에게는 아주 큰 행운이었다. 호일이 별의 속내는 잘 알망정, 마음은 그리 넓지 못한 천문학자였기 때문이다. 1949년 3월 28일 BBC의 한 라디오 토크쇼에서 호일은 우주가 갑작스러운 폭발과 함께 시작됐다고 주장하는 천문학자들의 가설을 두고 비아냥거렸다. 그러면서 "우주가 '빅뱅'이라도 일으키며 탄생했단 말이냐"라고 반문하며 처음으로 이 용어를 사용했다. 공교롭게도 입에 착 달라붙는 단어인 이 빅뱅이라는 용어는 정작 빅뱅이론을 부정하던 천문학자의 입에서 탄생한 것이었다. 호일은 세상을 떠나는 순간까지 빅뱅이론을 인정하지 않았다.

> "우주에는 일관된 계획이 있다. 하지만 그것이 무엇을 위한 계획인지는 모르겠다."
>
> _프레드 호일

호일은 대신 우주가 팽창하면서 추가된 텅 빈 공간만큼 새롭게 물질이 만들어진다는 가설을 주장했다. 호일의 가설에 따르면, 우주가 팽창하더라도 그만큼 물질이 추가되어 우주 전체 밀도는 항상 일정하다. 그래서 호일의 대안 가설을 가리켜, 밀도가 정적인 상태로 유지된다는 뜻에서 '정상우주론Steady State theory'이라고 한다. 원래는 시아마도 호일의 정상우주론을 지지했다. 하지만 1965년에 빅뱅의 잔열이 우주 전역에 고르게 퍼져 있다는 사실을 보여주는 우주배경복사가 관측으로 확인되면서, 시아마는 결국 빅뱅이론으로 돌아섰다. 만약 호킹이 호일의 연구실에 들어갔더라면, 오히려 꽉 막힌 지도교수 아래에서 눈부신 과학적 재능을 꽃피우지 못했을 수도 있다.

♫ ♫ ♫

블랙홀은 시간이 멈추고 공간이 휘는 우주 모습의 극단을 볼 수 있는 현장이다. 아인슈타인의 상대성이론은 분명 작동하지만, 그 효과가 미미하여 지구 위 평화로운 일상에서는 체감하기 어렵다. 블랙홀 정도로 압도적인 중력을 과시하는 존재가 있어야 겨우 티가 난다. 그래서 블랙홀은 우주에서 아인슈타인의 상대성이론을 입증하기에 가장 좋은 실험 무대가 된다.

그런 점에서 베토벤 음악은 특히 블랙홀을 닮았다. 시간을 왜곡하기 때문이다. 말 그대로 시간의 예술인 것이다. 기존 다른 고전 음악가들은 주로 악보 위에 음 높낮이를 배열하는 방식과 멜로디와 화음으로 개성을 나타냈다. 단순히 음악을 음표가 뿌려진 공간으로 인식했다. 하지만 베토벤은 음악에서 시간을 읽었고, 템포에 주목했다. 음을 얼마나 촘촘하게 또는 여유롭게 배치하는가에 따라 감정은 격렬하게 벅차오르거나 평온하게 해소된다. 그는 음악의 공간에 시간을 더해 하나의 시공간, 바로 우주를 창조해냈다.

음악에서 시간은 크게 두 가지로 정의할 수 있다. 하나는 음 자체가 얼마나 지속되는지, 또한 음이 얼마나 짧은 간격으로 촘촘하게 이어지는지를 알려주는 물리적 시간이다. 이 시간은 객관적이고 명확하다. 그에 비해 정의하기 어려운 모호한 시간이 하나 더 있다. 우리는 음악을 감상하면서 매 순간 뒤에 어떤 템포로 음이 따라

올지 기대한다. 그동안 다른 음악에서 들어온 경험을 바탕으로 아직 들리지 않는 미래의 시간을 상상한다. 베토벤은 바로 여기에 변주를 주어 관객에게 시간의 왜곡을 느끼게 했다.

모차르트가 이미 세상을 떠난 것도 모르고 오스트리아 빈에 도착한 때인 1792년 이후, 베토벤은 한동안 귀족들 사이에서 탁월한 연주자로 이름을 날렸다. 이때 그가 남긴 대표작 중 하나가 《피아노 소나타 제14번 C♯단조Piano Sonata No. 14 in C♯ minor, Op. 27 No. 2》다. 베토벤이 지은 이 작품의 이름은 《환상곡풍 소나타Sonata quasi una fantasia》였지만, 그의 사후에 붙인 《월광 소나타Mondscheinsonate》라는 이름으로 더 익숙한 작품이다.

기존 고전음악에서 소나타는 알레그로allegro, 즉 빠르고 경쾌하게 시작한다. 그런데 베토벤은 첫 번째 악장에서부터 시간을 비틀었다. 알레그로와는 정반대로 아다지오 소스테누토adagio sostenuto, 즉 매우 느리게 한 음 한 음 깊이 있게 누르면서 시간을 길게 끌었다. 그러면 선율이 나아가지 못하고, 한 자리에 오래 머무는 느낌을 준다. 그래서 흔한 소나타답지 않게 도입부부터 서정적이고 차분한 감정을 불러일으킨다.

두 번째를 지나 세 번째 악장에 진입하면 참았던 에너지가 폭발한다. 프레스토 아지타토presto agitato, 곧 아주 빠르고 격렬한 연주가 휘몰아친다. 마치 블랙홀의 깊숙한 사건의 지평선 너머로 탈출해서 자유를 만끽하는 빛의 여정을 함께하는 기분이 든다. 그래서 분노와 광기로 가득 찬 마지막 악장이 마냥 두렵게만 느껴지지는 않는다. 마음 한편에 무언가 해소되는 듯한 통쾌함이 공존한다. 월광, 똑같이 '달빛'이라는 제목을 달고 있으면서도 베토벤 음악은 드뷔시 음악과 전혀 다르다.

《월광 소나타》

DW Classical Music _ Youtube

베토벤 하면 다섯 번째 교향곡 작품《교향곡 제5번 C단조Symphony No. 5 in C minor, Op. 67》를 빼놓을 수 없다. 바로 그 유명한《운명 교향곡Schicksalssinfonie》이다. 수많은 광고, 영화, 예능 프로그램에까지 널리 쓰이면서 대중적으로 가장 많이 알려진 작품이다. 첫 부분에 등장하는 "빠바바밤- 빠바바밤-" 멜로디로 아주 널리 알려져 있다. 분명 글로 쓰고 있는데, 음이 들리는 듯하다.

감정의 클라이맥스를 중후반부로 끌어오는 기본 문법과 달리, 이 작품은 처음부터 강렬하게 시작한다. 오히려 이 도입부가 거세게 뇌리에 꽂혀서 곡 전체에 대한 감상을 집어삼킬 정도다. 강렬한 1악장은 긴장을 풀 생각이 없다. 일제히 걸어가는 군인들의 발소리처럼 계속 앞을 향해 나아간다. 1악장 후반부에 불쑥 등장하는 바순의 팡파르가 더욱이 음악을 독일 군대음악처럼 들리게 한다. 관객은 아직 알 수 없는 미래의 운명을 향해 진군하는 음악에 끌려가며, 현재가 아닌 미래를 감상하는 경험과 마주한다.

"베토벤이 〈5번 교향곡〉을 작곡하기 전에는 아무도 그 음악이 필요하지 않았다. 하지만 이제 우리는 〈5번 교향곡〉이 없으면 살 수가 없다."

_루이스 칸

《운명 교향곡》

DW Classical Music _ Youtube

《운명 교향곡》이라는 곡이름도 베토벤이 짓지 않았다. 유독 베토벤이 남긴 교향곡 중에는 명확한 키워드로 이름이 붙은 작품이 많다. 이는 대부분 그의 말년에 비서로 일했던 안톤 쉰들러Anton Schindler가 베토벤 사후에 임의로 붙인 것이다. 쉰들러는 1820년대 초반부터 베토벤이 사망할 때까지 베토벤 곁에서 비서 겸 조수로 활동한 인물로, 베토벤 사후에 베토벤 전기를 저술했다.

그런데 베토벤에 대한 쉰들러의 팬심은 블랙홀 주변 시공간만큼이나 왜곡됐다. 쉰들러는 베토벤의 명성을 돈벌이에 활용했다. 지어낸 이야기를 사실로 둔갑시키고, 베토벤을 더 극적인 인물로 포장했다. 심지어 자신이 꾸민 망상에 어긋나는 자료가 있으면, 그것이 베토벤의 수첩과 편지라 해도 불태웠다. 어린 시절부터 세상을 떠난 후까지, 베토벤은 가장 가까운 사람의 욕심 앞에 희생됐다.

절대 용서할 수 없는 쉰들러의 만행 중 하나가 제멋대로 베토벤 음악에 제목을 붙였다는 것이다. 제목은 감상을 제한한다. 가장 대표적인 사례가《운명 교향곡》이다. 쉰들러는 여덟 개 음으로 구성된 이 작품의 가장 유명한 도입부를 두고, 베토벤이 운명은 이렇게 문을 두드린다는 식으로 이야기했다고 주장했다.《피아노 소나타 제17번 D단조Piano Sonata No. 17 in D minor, Op. 31 No. 2》와 관련해서는 베토벤이 곡을 들려주면서 윌리엄 셰익스피어William Shakespeare의 작품『템페스트The Tempest』를 읽어보라고 제안했다는 가짜 이야기를 만들었다. 그러고는 작품에 '템페스트'라고 제목을 붙여버렸다.

물론 베토벤의 모든 작품이 가짜 제목을 달고 있는 것은 아니다. 1808년에 초연된《교향곡 제6번 F장조Symphony No. 6 in F major, Op. 68》에 붙은 '전원Pastorale'이라는 부제는 베토벤이 직접 지었다. 베토벤은 시골 마을에서 오래 요양하는 동안 자연을 사랑하게 됐다. 그래서인지 작품을 구성하는 다섯 개 악장에 일일이 제목을 붙였다. 그만큼 음악이 노래하는 대상과 서사가 명확하다. 전원 마을 풍경이라는 음악 바깥의 명확한 대상을 노래하는 이 작품은 표제음악program music의 대표작으로 손꼽힌다.

《전원 교향곡Pastoral Symphony》에서도 시간을 조율하는 베토벤의 매력이 돋보인다. 1악장과 2악장은 평화롭다. 1악장에는 베토벤이 시골 마을에 도착한 날 느낀 밝은 감정이 담겼다. 차분하게 진행되는 현악기 선율 위에 목관악기가 얹히며 설레는 감정을 이끌어낸다. 2악장은 시냇가의 물을 표현한다. 시냇물은 물살이 높지 않다. 미세하게 출렁이는 시냇물을 묘사한 현악기 선율 위에 목관악기의 카랑카랑한 소리가 더해지며 새가 지저귀는 소리를 표현한다.

3악장부터는 분위기가 급변한다. 마을 주민들이 흥겹게 포크 댄스를 추며 파티를 즐기는 광경을 표현하기 위해 알레그로의 빠른 템포로 진입한다. 이렇게 빨라진 템포가 마지막 5악장까지 이어진다. 악장과 악장 사이에 여유를 주지 않고 마치 하나의 긴 악장인 양 관객을 몰아붙인다. 특히 4악장에서는 천둥과 폭풍이 밀려온다. 베토벤은 이 극적인 상황을 아주 사실적으로 묘사했다. 첼로와 베이스의 낮은 음이 멀리서 들려오는 천둥을, 타악기 팀파니의 시끄러운 소리는 가까이서 내리치는 커다란 천둥을 표현한다. 빨라지고 느려지는 현악기들의 연주는 거센 바람과 함께 쏟아지는 빗방울 소리를 그려낸다.

이처럼 베토벤은 특히 말년 작품에서 차분함과 격정의 대비를 극적으로 보여준다. 베토벤 작품에서 시간은 절대적이지 않다. 악장마다 시간이 흐르는 속도는 달라진다. 관찰자에 따라 시간이 다르게 흐르고 시공간은 왜곡된다는 점을 이야기하는 일반상대성 이론을 완벽하게 묘사한 음악적 재현이다. 그래서 그의 음악은 얼핏 들으면 계획 없이 떠오르는 대로 작곡한 듯한 느낌을 준다. 그렇기에 베토벤을 가리켜 즉흥음악의 대가라고 하는 것이 아닐까.

♫ ♫ ♫

베토벤이 음악의 시간성에 남다른 관심을 보인 데는 청력 문제도 큰 몫을 했을 것이다. 미세한 음의 높낮이, 즉 주파수 차이를 느끼려면 귀가 섬세해야 한다. 반면 템포는 비교적 편하게 느낄 수 있다. 시간은 감각기관이 따로 없기 때문이다. 눈을 감고 귀를 막아도 암흑의 적막 속에서 시간의 박동을 느낄 수 있다. 음악가의 심장은 또 다른 악기다. 곡 분위기에 따라 심장은 더 빠르게 요동치기도 하고, 박동이 멈춘 듯 차분하게 뛰기도 한다. 그래서 음악가에게 심장 박동은 객관적인 시곗바늘이 되어주지 못한다. 악보를 넘길 때마다 다양하게 요동치는 심장 대신, 음악가는 가장 기계적이고 객관적인 시계의 도움을 빌린다. 바로 메트로놈metronome이다. 바늘이 일정한 리듬으로 똑딱거리면서, 연주자에게 너무 앞서거나 뒤처지지 않도록 길잡이가 되어준다.

메트로놈은 1812년에 발명됐다. 디트리히 빈켈Dietrich Nikolaus Winkel이 진자의 원리를 활용해서 느린 템포부터 빠른 템포까지 일정하게 리듬을 유지하는 이 기구를 만들었다. 메트로놈은 그리스어로 '측정'을 뜻하는 '메트론metron'과 '규칙적'이라는 의미의 '노모스nomos'를 합친 단어다. 그런데 소문을 들은 또 다른 기술자 요한 멜첼Johann Nepomuk Maelzel이 빈켈의 아이디어를 도둑질하여 특허를 받았다. 그래서 실제 발명가는 빈켈이지만, 공식 기록에는 멜첼로 잘못 남겨졌다.

사실 멜첼은 베토벤과 친분이 있었다. 말년에 청력을 거의 상실한 베토벤에게 나팔 모양의 보청기를 만들어준 사람이 멜첼의 동생이다. 멜첼도 베토벤에게 메트로놈을 선물했다. 그때 베토벤의 첫 반응은 시큰둥했다. 몸으로 템포를 느껴야지, 기계 따위의 도움을 받아서야 되겠느냐고 생각했기 때문이다. 하지만 이내 베토벤은 메트로놈 찬양론자가 됐다. 특히 연주자들의 악기 소리를 직접 듣기 어려운 베토벤에게 명확한 숫자로 템포를 표기할 수 있는 메트로놈은 큰 도움이 됐을 것이다.

베토벤은 정확한 템포를 중요하게 여겼기 때문에 메트로놈이 반드시 필요했다. 아첼레란도accelerando, 안단테andante, 알레그로 같은 모호한 이탈리아어 용어만으로는 정확한 템포를 약속하기 어려웠다. 그런데 메트로놈을 사용하면 정확하게 1분 동안 음을 몇 개 연주해야 할지, 그러니까 지금으로 치면 BPMBeats per minute을 숫자로 표기할 수 있었다. 예를 들어 악보에 '♩= 100'이라고 메모하면, 1분 동안 음이 100개 나오는 속도로 연주하라는 뜻이다.

베토벤이 메트로놈을 처음 만난 바로 그해에 나온 《교향곡 제8번 F장조Symphony No. 8 in F major, Op. 93》는 그가 메트로놈을 사용해서 템포를 지정한 첫 번째 작품이다. 총 네 악장으로 구성된 이 작품에서 2악장으로 접어들면 관악기가 8분음표를 일정한 간격으로 끊어서 연주하는 부분이 이어진다. 메트로놈의 규칙적인 움직임에서 영감을 받아 만들어진 악장이라는 이야기가 있다. 당시로서는 신기술인 메트로놈 자체가 음악 주제가 된 셈이다. 메트로놈에 흠뻑 매료된 베토벤은 1817년 「종합음악신문Allgemeine musikalische Zeitung」에 자신이 완성한 기존의 다른 모든 교향곡과 소나타 작품의 적절한 템포를 메트로놈으로 재서 숫자로 옮겨 적은 표를 제공했다.

그런데 메트로놈이 베토벤 음악을 더욱 미스터리하게 만든다. 베토벤이 악보에 메모한 숫자를 그대로 믿자니, 대체로 템포가 터무니없이 빨라 보이기 때문이다. 예를 들어 《운명 교향곡》의 1악장은 4분음표 기준으로 108bpm이다. 사람 심장박동이 대략 60에서 100bpm이므로, 이에 비하면 숨이 가쁠 정도로 빠르다. 베토벤이 직접 독일어로 피아노를 뜻하는 '함머클라비어Hammerklavier'라고 부제를 붙인 《피아노 소나타 제29번 B♭ 장조Piano Sonata No. 29 in B♭ major, Op. 106》에 남긴 메모는 더 빠르다. 무려 138bpm이다.

베토벤이 메트로놈을 처음 활용한 작품으로 유명한 《교향곡 제8번》은 그 정도가 제일 심하다. 4분음표 기준으로 자그마치 207bpm을 요구한다. 베토벤이 써놓은 숫자를 그대로 믿는다면, 1분 동안 207개의 음이 나올 정도로 쏜살같이 연주해야 한다. 현실적으로 불가능한 요구다. 그래도 억지로 207bpm에 맞춰 연주해보면 마치 빨리감기를 한 것처럼 들린다.

그래서 이후의 지휘자는 모두 베토벤이 악보에 남긴 숫자를 곧이곧대로 따르지 않았다. 베토벤의 템포가 비현실적이라고 생각한 지휘자들은 저마다 기준과 해석에 따라 좀 더 현실적인 수준으로 템포를 늘렸다. 사실 우리가 공연장에서 감상한 베토벤 음악은 모두 지휘자들이 제멋대로 변형한 결과물이다. 실제로 베토벤 마음속에서 메트로놈 바늘이 얼마나 빠르게 흔들렸을지, 또 그 시절 무대에서 베토벤이 정말로 연주자들에게 팔이 떨어져나가라 연주하라고 가혹하게 강요했는지는 알 수 없다.

《교향곡 제8번》

Leonard Bernstein _ Youtube

베토벤은 분명 남들과는 다른 시간 흐름 속에 살았다. 베토벤이 왜 이렇게 비현실적인 템포를 남겼을지가 풀리지 않는 미스터리로 남아 있다 보니, 다양한 관점에서 흥미로운 가설이 제기된다. 단순하게 베토벤이 산수에 약했을 것이라는 추측이 있는데, 의외로 꽤 신빙성이 있다. 오랫동안 궁핍한 삶을 살아온 터라, 베토벤이 구두쇠처럼 지낸 적도 있다. 그래서 커피 한 잔, 과자 한 봉을 살 때마다 꼼꼼하게 가계부를 썼는데, 거기에 적힌 숫자를 들여다보면 산수 실력이 꽤 형편없음을 알 수 있다.

심지어 최근인 2013년에는 물리학자들이 빅데이터 분석을 활용하여 새로운 가능성을 보여주었다. 서른여섯 명의 지휘자가 해석한 총 169시간 분량의 베토벤 음악을 분석한 끝에, 베토벤이 기입한 숫자와 실제 무대에서 연주되는 음악의 템포 사이에 일관된 편차가 있음을 발견했다. 이런 사실을 근거로 들어, 물리학자들은 베토벤이 메트로놈 눈금을 읽는 법을 몰랐을 것이라는 가설을 제시했다. 눈금을 읽으려면 흔들리는 바늘 위를 보아야 하는데, 아직 메트로놈이 낯설었던 베토벤이 그만 바늘 아래로 착각했기 때문에 이런 일관된 차이가 나타난다는 주장이다.

♫ ♫ ♫

오케스트라 단원들이 악기를 연주하고 악보를 넘기는 소리, 거기에 관객의 기침 소리까지 아무것도 듣지 못하게 된 절대적 적막. 그 속에서 홀로 지휘하는 베토벤의 모습은 마치 우주 전역에 울려 퍼지는 시공간의 미세한 떨림을 포착하려고 기다리는 천문학자를 떠올리게 한다. 블랙홀은 정의 자체부터 빛나지 않는 천체다. 그래서 빛을 담는 그릇인 망원경은 블랙홀 앞에서 무력할 뿐이다. 블랙홀은 보는 것이 아니라 느껴야 하는 것이다. 마찬가지로 베토벤도 단순히 음악을 듣지 않았다. 청각의 부재 속에서 시각과 촉각과 감각을 모두 동원해 음악을 진정으로 느꼈다.

2015년 9월 14일 태양계를 둘러싼 시공간이 출렁이는 사건이 벌어졌다. 사람이 피부로 느낄 수 없는 미미한 떨림이었지만, 북아

메리카대륙 동쪽과 서쪽 해안 두 곳에 설치된 2km 길이 거대한 장비가 그 작은 떨림을 놓치지 않고 포착했다. 지구로부터 약 13억 광년 떨어져 있는 두 블랙홀이 서로의 중력에 이끌려 충돌하는 순간 퍼진 시공간의 떨림이었다. 두 블랙홀의 질량은 각각 태양의 36배와 29배였다. 두 블랙홀은 서서히 거리를 좁히다가 질량이 태양의 62배에 달하는 하나의 블랙홀로 반죽됐다. 태양 질량의 3배나 되는 나머지 질량이 에너지로 전환되면서, 서로의 곁을 맴돌던 블랙홀 한 쌍 주변의 시공간에 파문을 일으켰다.

100년 전에 아인슈타인이 정확히 스스로가 제시한 일반상대성이론을 바탕으로, 우주 전역에 이런 시공간의 떨림이 가득 울려 퍼지고 있을 것이라고 추측했다. 이른바 중력의 파도, 곧 중력파gravitational wave다. 다만 아인슈타인은 그 떨림의 수준이 워낙 미미해서 실제로 관측하기는 불가능할 것이라고 생각했다. 그런데 아인슈타인 일반상대성이론의 미완성 교향곡으로 남아 있던 중력파가 비로소 실제 관측으로 입증된 것이다. 100년이 지나서야 아인슈타인이 옳았음을 실제 관측으로 다시 한번 입증한 공로를 인정받아 베리 베리시Barry Clark Barish, 라이너 바이스Rainer Rai Weiss, 킵 손Kip Stephen Thorne 세 물리학자가 2017년 노벨물리학상의 주인공이 됐다.

손은 크리스토퍼 놀란Christopher Edward Nolan 감독이 만든 영화로 사실상 블랙홀이 주연인 〈인터스텔라Interstellar〉의 물리학자문을 맡기도 해서, 영화팬들에게는 꽤 잘 알려진 물리학자다. 그런 그가 호킹과 아주 유명한 내기를 한 적이 있다. 1964년 천문학자들이 밤하늘에서 수상한 신호를 포착했다. 아직 미국과 소련의 냉전이 가시지 않았던 시절, 미국은 소련의 비밀 핵실험을 감시하려고 수많은 첩보 로켓을 발사했다. 그런데 우연히 백조자리 방향으로 아무런 별도 보이지 않는 허공에서 강한 엑스선 신호가 포착됐다. 미지의 이 천체는 한동안 백조자리 X-1Cygnus X-1으로 불렸다. 차츰 천문학자들 사이에서 그 정체가 어쩌면 블랙홀일 수도 있겠다는 의심이 피어오르기 시작했다. 손은 백조자리 X-1이 결국 블랙홀로 밝혀질 것이라고 주장했고, 호킹은 그렇지 않을 것이라고 주장했다. 결국 두 사람은 내기를 했다. 사실 이 내기는 그 내용보다 상품 때문에 더 유명해졌다. 두 사람이 내건 상품은 성인잡지 1년 구독권이었다.

내기의 승자는 누구였을까? 1990년 백조자리 X-1은 곁에 있는 별을 집어삼키며 엑스선을 방출하는 블랙홀이라는 사실이 밝혀졌다. 호킹은 패배를 인정하고, 손에게 『펜트하우스Penthouse』 1년 구독권을 보냈다. 백조자리 X-1이 블랙홀이 아닐 것이라는 쪽에 걸긴 했지만, 그렇다고 호킹이 블랙홀의 존재 자체를 믿지 않은 건 아니다. 호킹은 이때 내기를 일종의 보험이었다고 회고했다.

"만약 블랙홀이 존재하지 않는 것으로 밝혀진다면 내가

백조자리 X-1의 상황을 묘사한 그림(2004, ESA/Hubble Telescope)

블랙홀을 연구해온 그간의 노력은 모두 허사가 되고 만다. 그렇다 해도 내기에서 이겼으니 그걸로 위안 삼으면 된다고 생각했다."

_스티븐 호킹

호킹은 타고난 도박사였다. 블랙홀을 놓고 그가 또 한 차례 거대한 판을 벌였는데, 지금까지도 많은 물리학자가 양쪽으로 갈라져 각자 베팅하고 있다. 놀랍게도 호킹은 블랙홀이 빛날 수 있다고 예측했다. 블랙홀은 애초 그 개념이 태어날 때부터 아무런 빛도 내보내지 않는다고 정의되어 블랙홀이라는 이름이 붙었다. 그런데 호킹은 블랙홀조차 바깥으로 에너지를 방출하게 되는 놀라운 가능성을 보여주었다.

불확정성 원리가 이야기하듯, 우주는 수없이 나타나고 사라지는 에너지로 요동친다. '-' 에너지를 갖는 입자와 '+' 에너지를 갖는 입자는 곧장 서로 부딪히고 사라지는 '쌍소멸annihilation'을 겪는다. 평화롭고 잔잔한 시공간이라면 -와 +의 에너지가 끊임없이 요동치며 나타나고 사라지기를 반복한다. 그런데 블랙홀이 등장하면 평화가 깨진다. 블랙홀 극단의 중력이 -와 +의 에너지가 나타나는 그 짧은 찰나의 순간을 놓치지 않는다. 평소라면 아주 잠깐 등장한 두 에너지가 곧장 서로 부딪히며 소멸해야 하지만, 블랙홀이 강력한 중력으로 그 둘을 강제로 떼어버린다. 그러면 -의 에너지는 블랙홀에 흡수되고, 짝을 잃어버린 +의 에너지는 소멸하지 못한 채 블랙홀 밖으로 떠나게 된다. 블랙홀이 바깥으로 에너지를 방출하는 것이다. 온도를 머금은 물체가 사방으로 열기를 내보내듯, 블랙홀이 에너지를 발산하는 이 현상을 '호킹 복사Hawking radiation'라고 한다. 호킹은 블랙홀도 온도를 정의할 수 있다는 사실을 보여주었다.

호킹 복사의 메커니즘에 따르면, 블랙홀은 짝을 잃고 소멸하지 못한 +의 에너지를 놓아주는 동시에 -의 에너지를 흡수한다. 그 사이 블랙홀 자체의 에너지도 점차 줄어든다. 아인슈타인이 증명했듯, 에너지는 곧 질량이다. 그러니까 호킹 복사가 진행되는 동안 블랙홀은 점차 질량이 줄어든다. 블랙홀이 천천히 증발하는 셈이다. 호킹 복사 가설에 따르면 결국 블랙홀도 영원하지 못하다. 아주 긴 시간이 흐르면 블랙홀도 모든 질량을 잃고 완전히 소멸할 수밖에 없다. 호킹은 영원불멸의 존재일 줄 알았던 블랙홀에 유한함을 안겼다.

언젠가는 블랙홀이 사라지고 말 것이라는 호킹의 예측이 더 오묘하게 느껴지는 이유는 그 소멸 시점이 터무니없이 멀기 때문일 것이다. 호킹 복사에 따르면 블랙홀의 증발은 블랙홀 질량이 가벼워질수록 빨라진다. 우주에서 흔히 볼 수 있는 태양 질량의 수십 배, 나아가 수백만에서 수억 배에 달하는 육중한 질량의 블랙홀이 완전히 소멸하려면 지금까지 우주가 살아온 세월보다 훨씬 긴 시간이 필요하다. 그래서 실제로 블랙홀이 사라지는 모습을 목격할 기회는 거의 없다. 이 점이 왜 아직도 호킹 복사가 관측으로 입증되지 못했는지를 에두르는 아주 훌륭한 변명이 된다.

노벨위원회는 실제 실험과 관측으로 입증된 발견만 인정한다는 암묵적 분위기가 있다. 많은 물리학자가 위대한 업적을 쌓아놓고도 호킹이 결국 노벨상 주인공이 되지 못한 중요한 이유 중 하나로, 그가 인간의 시간 감각을 초월할 만큼 너무 먼 미래의 운명을 내다봤기 때문이라고 이야기한다.

호킹의 이론이 지금껏 단 한 번도 관측으로 입증된 적이 없다고 하니 실망스럽게 느껴질지도 모른다. 물론 관측으로 입증하는 과정이 천체물리학에서 아주 중요한 요소이긴 하지만, 단순히 그런 측면만으로 호킹 복사의 아름다움을 폄하하기는 어렵다. 호킹 복사 가설은 거시 세계의 가장 극단적인 무대에서 미시 세계로 이어지는 입구를 열어젖혔다는 점에서 무엇보다도 중요하다. 호킹은 거대한 질량이 한 점에 붕괴되는 순간을 이해하려면 중력과 시공간을 설명하는 일반상대성이론뿐 아니라 미시 세계를 이해하는 양자역학이 함께 결합해야 한다는 놀라운 통찰을 제시한 것이다.

갈릴레이 탄생 300주년에 태어난 호킹은 2018년 3월 14일, 정확히 아인슈타인의 생일날 세상을 떠났다. 호킹은 영국을 넘어 인류의 가장 위대한 과학 거인인 뉴턴, 찰스 다윈Charles Robert Darwin과 나란히 런던 웨스트민스터사원에 안치됐다. 과학계에서 그가 어느 정도 위치에 있는 인물인지를 엿볼 수 있는 장면이다.

호킹의 비석에는 호킹 복사에서 블랙홀 온도를 표현하는 방정식이 새겨져 있다. 이 방정식은 참으로 놀랍다. 뉴턴의 중력 상수, 빛의 속도, 열역학의 볼츠만 상수, 양자역학의 플랑크 상수, 그리고 원주율 파이까지 미시 세계와 거시 세계를 아우르는 우주의 모든 자연 상수가 여기에 한데 모여 있다. 그의 방정식은 과학적일 뿐 아니라 미적으로도 아름답다. 블랙홀 안팎을 넘나들며 거시 세계와 미시 세계의 화합을 노래한 호킹의 마지막 합창곡은 모든 스케일에서 우주를 이해하기를 꿈꾸는 '대통일 이론grand unified theory'에 한발짝 다가갈 수 있도록 해준 발견으로 평가받는다.

호킹은 밤하늘을 직접 바라보며 우주를 연구한 천문학자가 아니라, 칠판 위에 장황한 수식을 펼쳐놓으며 우주를 들여다본 천체물리학자다. 그래서 비전공자가 보기에는 호킹의 발견이 어렵다. 또한 휠체어에 앉아 인공 목소리로 대화하던 그의 모습이 강한 인상을 남긴다. 그래서 흔히 별다른 업적이 없는데도 장애인이라는 이유로 호킹이 과대평가를 받는다고 오해하곤 한다. 전혀 그렇지 않은데도 말이다. 호킹은 루게릭병을 극복한 위대한 물리학자가 아니다. 그 자체로 위대한 물리학자다.

♫ ♫ ♫

베토벤의 청력 상실은 단순히 그가 어떻게 역경을 이겨냈는지, 그 인간 승리의 드라마를 보여주는 소재로만 머물지 않는다. 베토벤은 하루아침에 청력을 잃은 것이 아니다. 젊은 시절부터 세상을 떠나는 순간까지 점차적으로 진행됐다. 그래서 시기에 따라 베토벤에게 허락된 음역대가 계속 바뀌었다. 그 변화가 베토벤 음악 인생에 고스란히 반영됐다. 청각 상실이야말로 베토벤 음악이 변화하는 데 깊이 관여한 요소다.

조금씩 귀가 먹먹해져 베토벤이 방황하기 시작하던 무렵인 1800년대 초반, 그의 작품에는 높은 솔보다 높은 음이 약 8% 등장했다. 1805년 이후 베토벤은 코앞에서 연주하는 목관악기의 높은 음색조차 들리지 않게 됐다. 그래서 조금이라도 정확한 음을 잡으려고 작품에 주로 낮은 음을 배치했다. 그렇게 베토벤의 악보에서 높은 음이 점차 자취를 감췄다. 높은 솔보다 높은 음의 비율이 2%까지 줄어들었다.

그런데 1824년 즈음에 계속 감소하던 높은 음의 비율이 조금 증가하는 경향을 보인다. 이 시기에 사실상 베토벤이 청력을 완전히 잃은 것으로 추정된다. 그렇다면 베토벤은 완벽한 적막에 빠져들고 나서야 그토록 피하려고 했던 높은 음과 다시 재회한 것일까? 여기에는 안타까운 사연이 숨어 있다.

청력이 일부 살아 있던 시절, 베토벤은 그나마 겨우 들을 수 있던 낮은 음역을 부여잡은 채 미련을 버리지 못했다. 점차 좁아지는 가청 주파수 범위가 베토벤의 창작을 제한하는 진화압처럼 작용하며, 그를 낮은 음역으로 몰아붙였다. 하지만 모든 소리를 들을 수 없게 됐을 때 비로소 베토벤은 그 압박으로부터 해방됐다. 완벽한 적막 속에서 더는 고막에 기댈 이유가 없어진 것이다. 베토벤은 음악을 듣지 않고, 상상하게 됐다. 그제야 비로소 자신이 추구하던 초기 스타일로 돌아갈 수 있었다.

이때 나온 대표작이 그의 아홉 번째이자 마지막 교향곡인 《교향곡 제9번 D단조Symphony No. 9 in D minor, Op. 125》다. 베토벤이 만든 가장 규모가 큰 작품이다. 특히 마지막 4악장에는 처음으로 합창을 도입했다. 그래서 《합창 교향곡Choral Symphony》으로도 잘 알려져 있다. 전통적으로 관현악기 합주만으로 채워지던 교향곡의 틀을 깨고, 한 무리 사람들의 목소리를 새로운 세션으로 추가했다. 물론 이 작품에서도 베토벤은 시간의 흐름을 비틀었다. 기존 문법을 벗어나 2악장과 3악장의 템포를 뒤집었다. 그래서 오히려 2악장이 숨가쁘게 진행되고, 3악장에서는 머릿속을 맴도는 선율이 느리게 흐른다.

이 교향곡은 독일 극작가 프리드리히 실러Johann Christoph Friedrich von Schiller의 시 〈환희의 송가An die Freude〉에서 영감을 받은 작품이다. 베토벤은 이 작품을 아주 오래전부터 구상했다.

1798년에 독일에서 오스트리아로 떠나기 몇 해 전부터 이미 베토벤 노트에는 실러 시 일부에 멜로디를 붙인 흔적이 남아 있다. 그로부터 19년이 지난 1817년 런던필하모닉협회에서 새로운 교향곡을 만들어달라고 의뢰하면서, 베토벤은 오랫동안 머릿속으로만 구상하던 역작을 본격적으로 무대 위에 올려야겠다고 다짐한다.

4악장을 작곡하던 당시에 베토벤은 거의 소리를 듣지 못했다. 그래서 나팔 같은 보청기를 귀에 들이대고 음 하나하나를 일일이 눌러보며 연주하고 확인한 다음에야 악보에 기입했다. 보통 한꺼번에 많은 관현악기가 등장하는 교향곡은 악기들이 번갈아가며 완급을 조절한다. 최대한 악기가 따로 놀지 않고, 마치 하나의 악기인 양 조화를 이루려고 노력한다. 그런데 베토벤의 《합창 교향곡》 4악장은 전혀 그렇지 않다. 악기 하나하나의 선율이 선명하게 구분되는 느낌을 준다. 모든 재료 본연의 맛이 그대로 느껴지는 음식과도 같다. 이런 특징이 음악에 공간적 입체감을 더해준다. 마지막 교향곡에 이르러서야 비로소 베토벤 음악은 시간성과 공간성을 모두 갖춘 진정한 시공간의 음악이 됐다.

《합창 교향곡》

DW Classical Music _ Youtube

1824년 5월 7일 빈의 케른트노터어 극장에서 베토벤의 '환희의 송가'가 초연됐다. 미하엘 움라우프Michael Umlauf가 지휘를, 베토벤은 무대 총감독을 맡았다. 모든 악기와 합창단의 소리가 끝나는 순간, 관객의 우렁찬 기립박수가 이어졌다. 베토벤이 담고자 한 인류의 평화와 화합, 그리고 환희에 찬 인류애의 메시지가 고스란히 관객에게 전해졌다.

슬프게도 객석을 등지고 서 있던 베토벤은 관객들의 박수 소리를 듣지 못했다. 그 모습을 보다 못한 콘트랄토Contralto 가수 카롤리네 웅거Caroline Unger가 베토벤의 소매를 끌고 그를 객석 쪽으로 돌아보게 했다. 그제야 베토벤은 기립박수를 치는 관객들의 몸짓과 표정을 보고, 무대를 가득 채운 환희를 만끽할 수 있었다. 그는 눈물을 흘렸다. 환희의 합창을 직접 만들었지만, 정작 그 자리에서 그 음악을 들을 수 없는 유일한 사람이었다. 2001년 유네스코UNESCO는 베토벤의 〈합창 교향곡〉을 인간이 쓸 수 있는 가장 완벽한 교향곡으로 평가하고, 베토벤이 직접 쓴 친필 악보 원본을 세계기록유산으로 지정했다.

베토벤은 점차 소리가 희미해져가는 상황 속에서도 환희와 분노, 사랑을 음악으로 남겼다. 호킹은 자신을 감싼 고요 속에서 우주의 시작과 끝을 상상하며 블랙홀 너머의 세상을 수식으로 풀어냈다. 두 사람은 우리가 보지 못하는 것을 보고, 듣지 못하는 것을 듣는 법을 알려준다.

음악은 시간과 감정의 예술이고, 천체물리학은 시공간의 과학이다. 베토벤은 시간의 흐름을 왜곡하고 감정을 폭발시켰다. 호킹은 블랙홀이라는 시공간의 끝자락에서 우주 모습의 극단을 상상했다. 베토벤과 호킹은 서로 만난 적도, 같은 시대를 산 적도 없지만, 각자의 언어로 악보와 칠판 위에 같은 메시지를 남겼다. 우리는 적막 속에서도 창조하는 존재다. 침묵이 깊어질수록, 적막이 두터워질수록, 그곳에 빛이 숨어 있다.

에필로그

뜻밖의 만남으로 더 멋진 세상을

_김록운 · 천윤수

쨍하게 내리쬐는 햇볕 아래에서는 모든 것이 뚜렷합니다. 햇살에 반짝이는 강물도, 그 곁을 거니는 사람들도, 짙은 녹음을 머금은 잎사귀도 저마다의 존재를 과장 없이 드러냅니다. 뚜렷해지는 만큼 선명해진 경계 안에서 우리는 이것과 저것을 구분 짓습니다. 하지만 해가 저물고 달이 떠오르면 이야기는 조금 달라집니다. 은은한 달빛 아래에서 모든 것은 서로에게 스며듭니다. 드뷔시의 〈달빛〉 속 선율이 음과 음 사이의 경계를 허물 듯, 다름을 주장하던 것들이 한데 섞이며 하나의 흐름을 이룹니다.

보통의 시선에서 천문학과 음악의 경계는 매우 또렷하고 분명합니다. 어쩌면 굳이 나란히 놓을 필요가 없어 보이는 조합일지도 모르겠습니다. 우리는 그 둘을 비추는 조도를 조금 낮춰보았습니다. 은은한 빛 속에서 천문학과 음악의 경계는 서서히 흐려졌고,

예상 밖의 조화가 모습을 드러내기 시작했습니다. 누군가는 엄밀하지 않다고 말할 수도, 누군가는 색다른 즐거움을 느낄 수도 있겠지요. 이 책을 끝까지 펼쳐든 독자라면, 후자의 경험을 하게 되기를 조심스럽게 기대해봅니다.

어찌 보면 이 책 속 이야기들은 규칙과 질서에 관한 이야기라 할 수 있겠습니다. 다양한 현상을 한꺼번에 설명해줄 단 하나의 규칙을 찾아 나서는 사람들, 기존의 질서를 거부하는 사람들, 그리고 모든 것을 무너뜨린 뒤 다시 새로운 질서를 만들어가는 사람들, 한계를 이겨내고 세계의 규칙을 밝혀낸 사람들. 이 책은 각기 다른 방식으로 세상을 이해하려는 시도들의 기록입니다.

이들에 비하면 미약하지만, 제게도 규칙과 질서에 관한 작은 기억이 하나 있습니다. 신호등에 대한 이야기입니다. 어릴 적 제게 신호등은 기다리다 보면 언젠가 초록색으로 바뀌는 것이었습니다. 언제 바뀔지는 모르지만, 어쨌든 바뀌는 것이었죠. 신호등은 그저 묵묵히 색을 바꾸는 물체에 불과했습니다. 그러던 어느 날, 망원경을 들고 하늘을 올려다본 갈릴레이처럼, 문득 고개를 들어, 하늘 위에 떠 있는 신호등을 보게 되었습니다. 자동차를 위한 신호등이었죠. 그리고 놀라운 사실 하나를 깨닫습니다. 하늘의 신호등이 초록불, 노란불, 빨간불로 바뀌면, 땅의 신호등은 빨간불에서 초록불이 된다는 것을요. 그때부터 신호등은 단순히 신호만 주는 장치가 아니라, 하늘과 땅이 상호작용하며 작동하는 작지만 정교한 시스템이 되었습니다.

이 책에 등장하는 인물들에 비하면 사소한 기억일지 모르지만, 당시 어린 저에게는 세상이 인과관계로 엮여 유기적으로 돌아간다는 사실을 스스로 밝혀낸 순간이었습니다. 세상이 나에게 숨기고 있던 비밀 하나를 우연히 들춰낸 기분이었죠. 커다란 규칙을 알아챘을 때 밀려드는 쾌감, 이렇게 하나둘씩 밝혀내고 나면 간결한 하나의 원칙으로 모든 것이 설명될 것만 같은 짜릿함이 느껴졌습니다. 케플러에게 그것은 우주를 다스리는 신의 섭리였을 것이고, 바흐에게는 모든 조성을 아우를 수 있는 평균율이었을 것입니다. 그들이 발견한 질서는 혼돈 속에서 잠시 숨을 고를 수 있는 여백을 마련해 주었습니다.

그러나 바흐가 평균율을 위해 음정 사이의 미세한 오차를 감수해야 했듯, 거대한 법칙 속에서도 예외는 발생합니다. 저 역시 마찬가지였습니다. 정확한 인과관계로 설명될 것이라 믿었던 세상은 생각보다 훨씬 복잡했고, 이해할 수 없는 사람들을 만나고 상식으로는 설명되지 않는 사건들을 겪게 되었습니다. 이해 가능해지던 세상은 어느 순간부터 도무지 설명되지 않는 것들로 붐비기 시작했습니다.

저는 세상이 온전히 이해 가능하다는 믿음을 내려놓게 되었습니다. 하지만 그 상실은 다른 감각들을 일깨웠습니다. 이해할 수 없는 것들은 우리에게 놀라움과 두려움, 그리고 경이로움 같은 다채로운 감각들을 만들어냅니다. 단 하나의 원칙으로 모든 것을 설명할 수 있다면 분명 명쾌하겠지만, 그런 세상은 금세 지루해질 것입니다. 삶을 더욱 풍요롭게 만드는 것은 어쩌면 예측할 수 없는 순간들, 이해되지 않는 선택들, 그리고 나와는 다른 결을 지닌 존재들일 것입니다.

이 책은 한 공연에서 시작되었습니다. 천문학과 음악을 함께 이야기하되, 그동안 시도되지 않았던 방식으로 해보자는 다소 거창한 목표 아래 의기투합했죠. 너무나도 다른 시선으로 서로 다른 세계를 살아온 과학자와 예술가였기에 우리는 자주 부딪혔습니다. 그러나 그 부딪힘이 나쁘지만은 않았습니다. 마찰과 어긋남이야말로 새로운 사유의 출발점이라는 믿음이 있었기 때문입니다.

수많은 대화와 시행착오 끝에 마찰음은 상상력을 자극하는 근사한 불협화음이, 작은 스파크는 우리만의 타오르는 별빛이 되었습니다. 이 책이 여러분에게도 기분 좋은 어긋남을 남기를 바랍니다. 완벽하게 맞물리지 않은 그 틈이, 제가 그랬던 것처럼 더 깊은 이해와 더 즐거운 경험들로 채워졌기를 바랍니다.

이미지 출처

18쪽 위 Wikimedia Commons — File: Johann_Kepler._Line_engraving_by_N._Dietz.Wellcome_V0003204.jpg (Wellcome Collection)

18쪽 아래 Wikimedia Commons — File: Johann_Sebastian_Bach_1746.jpg (Stadtgeschichtliches Museum Leipzig)

21쪽 Wikimedia Commons — File: Divje_Babe_flute_(Late_Pleistocene_flute).jpg (National Museum of Slovenia)

24쪽 NASA Science — "The Making of the Voyager Golden Record" (NASA/JPL-Caltech)

29쪽 Wikimedia Commons — File: Gaffurio_Pythagoras.png

33쪽 Wikimedia Commons — File: Mauerquadrant.jpg

63쪽 Wikimedia Commons — File: Klavecimbel,BK-2017-42.jpg (Rijksmuseum, Amsterdam)

69쪽 e-rara.ch — image view: 123244 (DOI: 10.3931/e-rara-445) (ETH-Bibliothek Zürich)

71쪽 Wikimedia Commons — File: Planetary_Musical_Scales_from_Harmony_of_the_Worlds.jpg

82쪽 Wikimedia Commons — File: Kepler_1606_De_Stella_nova_in_pede_serpentarii.png

88쪽 위 Wikimedia Commons — File: Galileo_Galilei_(1564-1642)_RMG_BHC2700.tiff (National Maritime Museum, Greenwich / Royal Museums Greenwich)

88쪽 아래 Wikimedia Commons — File: Claude_Debussy_portrait.jpg (Bergen Public Library)

92쪽 위 Wikimedia Commons — File: Cannocchiale_galileiano_Museo_scienza_e_tecnologia_Milano_01.jpg (Museo nazionale della scienza e della tecnologia Leonardo da Vinci, Milano)

92쪽 아래 Wikimedia Commons — File: Cannocchiale_galileiano_Museo_scienza_e_tecnologia_Milano_06.jpg (Museo nazionale della scienza e della tecnologia Leonardo da Vinci, Milano)

94쪽 Wikimedia Commons — File: Galileo%27s_sketches_of_the_moon.png

98쪽 Wikimedia Commons — File: Van_Gogh-la_courtisane.jpg (Van Gogh Museum)

108쪽 University of Oxford (Cabinet) — moons-jupiter-0

112~113쪽 Wikimedia Commons — File: The_trial_of_Galileo_Galilei_before_the_Inquisition,1633%2817th_century_Italian_school%29.jpg

129쪽 Wikimedia Commons — File: Galileo_in_prison.jpg

133쪽 NASA — "Lego Figurines Aboard Juno" (NASA/JPL-Caltech/KSC)

138쪽 위 Wikimedia Commons — File: Bundesarchiv_Bild183-R57262,Werner_Heisenberg(cropped).jpg (Bundesarchiv)

138쪽 아래 Wikimedia Commons — File: Arnold_sch%C3%B6nberg_man_ray.jpg (Arnold Schönberg Center)

141쪽 Wikimedia Commons — File: Einstein-Roosevelt-letter.png

152쪽 Wikimedia Commons — File: Watschenkonzert_Karikatur_in_Die_Zeit_vom_6._April_1913.jpg

163쪽 Wikimedia Commons — File: Nevada_Test_Site..._-NARA-_558598.tif (U.S. National Archives / National Archives and Records Administration, NAID 558598)

171쪽 Wikimedia Commons — File: Sch%C3%B6nberg-CR_018.jpg (Arnold Schönberg Center)

173쪽 Wikimedia Commons — File: Wassily_Kandinsky-Impression_III(Concert)-_Google_Art_Project.jpg (Lenbachhaus)

179쪽 Wikimedia Commons — File: Horn_Antenna-in_Holmdel,New_Jersey-_restoration1.jpg (NASA)

184쪽 위 NASA StarChild image of Stephen Hawking (Goddard Space Flight Center)

184쪽 아래 Wikimedia Commons — File: Joseph_Karl_Stieler%27s_Beethoven_mit_dem_Manuskript_der_Missa_solemnis.jpg (Beethoven-Haus)

186쪽 public.nrao.edu — M87_EHT.jpg

187쪽 keckobservatory.org — S-stars-Orbits.png (W. M. Keck Observatory)

220~221쪽 Wikimedia Commons — File: Cygnus_X-1.png (ESA/Hubble)